高等教育建筑类专业系列教材

建筑及景观手绘技法

■ 主　编　阙　怡　曹桂庭
■ 副主编　侯　娇　唐海艳
■ 参　编　张志伟　李　莎　付林江
　　　　　　张宗英　王晓晓
■ 主　审　李　奇

U0280007

重庆大学出版社

内容提要

建筑及景观手绘是设计表现的一种重要方式。手绘表现既要体现出艺术性，又需要有透视空间的严谨性。因此，手绘区别于其他绘画表现，是有更多的规律和方法可循的。本书的编写基于多年的教学经验总结，尽可能总结出手绘表现的规律性和方法，让众多没有绘画基础的建筑学、风景园林、城乡规划专业的学生能够较为快速地掌握手绘表现的技能与方法。

图书在版编目（CIP）数据

建筑及景观手绘技法 / 阙怡，曹桂庭主编. -- 重庆：
重庆大学出版社，2021.3
高等教育建筑类专业系列教材
ISBN 978-7-5689-2555-6

Ⅰ.①建…　Ⅱ.①阙…②曹…　Ⅲ.①建筑设计—绘
画技法—高等学校—教材②景观设计—建筑画—绘画技法
—高等学校—教材　Ⅳ.①TU204.11

中国版本图书馆CIP数据核字（2021）第025731号

高等教育建筑类专业系列教材
建筑及景观手绘技法
主　编　阙　怡　曹桂庭
副主编　侯　娇　唐海艳
主　审　李　奇
责任编辑：王　婷　　版式设计：王　婷
责任校对：刘志刚　　责任印制：赵　晟

*

重庆大学出版社出版发行
出版人：饶帮华
社址：重庆市沙坪坝区大学城西路21号
邮编：401331
电话：（023）88617190　88617185（中小学）
传真：（023）88617186　88617166
网址：http://www.cqup.com.cn
邮箱：fxk@cqup.com.cn（营销中心）
全国新华书店经销
重庆升光电力印务有限公司印刷

*

开本：787mm×1092mm　1/16　印张：14.75　字数：349千
2021年3月第1版　2021年3月第1次印刷
ISBN 978-7-5689-2555-6　定价：59.00元

前　言

　　设计专业要求设计师具备手绘设计草图的能力，以便快速记录设计构想（构思草图）和表达设计意图（设计草图）。构思草图用于设计之初，而设计草图则广泛用于设计交流和各种专业考试，如考研、公司考核、职称考试或资格考试等。因此，手绘技法是设计师必须掌握的重要的专业技能。

　　设计草图是专业设计与草图绘制的结合，是工程经验与美术基础的结合，具有专业、快速、准确和美观的特点。本书主要用于培养和提高设计草图绘制技能的教学，主要针对风景园林设计、建筑设计、环艺设计、城乡规划等专业的设计草图绘制特点，进行系统的论述、讲解和演示，以介绍专业设计图的绘制对象特点以及快速绘制方法为主，即侧重介绍设计对象及其所处环境的各种手绘方法和绘制要领。

　　本书的编写人员同时具备多年的工程设计和草图绘制的教学经验。书中突出绘制过程的演示，其中重点内容还配以视频演示和作品展示，满足风景园林、建筑设计、环艺设计、城乡规划等专业，授课为2至4个学分的教学需要。

　　本书共分为7章，按照手绘教学的基本流程安排。

　　第1章为概述，主要介绍手绘技法的作用和意义，以及学好手绘的要求和方法。

　　第2章为手绘的基础知识讲解，主要介绍手绘中常用的工具，基本笔法的练习技巧等，每个知识点都用手绘配图进行说明，直观易懂。

　　第3章为透视基础，主要介绍设计中常用到的一点透视、两点透视及鸟瞰透视的特点以及快速绘制技巧，每种透视画法都配有详细的过程演示。

　　第4章为景观元素的表达技法，重点介绍建筑及景观中常用到的山石、植物、水景、道路及铺装、景观小品、景观配景的绘制方法，针对每种元素都有详细的步骤讲解。

第5章介绍建筑效果图的绘制方法，详细讲述了建筑效果图的构图技巧，并分步骤讲解各种类型建筑的绘制要点。

第6章介绍景观效果图的绘制方法，从平面图开始，对如何选择合适的视点、如何构图、如何进行空间架构、如何进行细节处理进行详细的过程演示，使学生能真正学以致用。

第7章为马克笔的上色技法，包括马克笔的运笔、配色、特殊效果的处理等要点，同时配有大量的案例讲解，除了有过程图展示外，还有视频演示。

本书由阙怡、曹桂庭担任主编，侯娇、唐海艳担任副主编，李奇担任主审。本书第1章由侯娇编写，第2章至第5章由阙怡编写，唐海艳、王晓晓、付林江参与编写第6章和第7章，书中的手绘图主要由曹桂庭绘制，张志伟、李莎、张宗英主要负责图片的处理工作。

由于编者水平有限，书中不妥之处还请读者批评指正。

编　者

2020年6月

阙怡，毕业于西北农林科技大学。重庆大学城市科技学院风景园林讲师，8年手绘课程教学经验，曾指导学生多次获得风景园林专业设计奖项。

个人邮箱：queyi2020@126.com

曹桂庭，毕业于西南大学美术学院环境艺术设计专业。新世立手绘创始人，11年手绘及快题教学经验，培养及服务上万名学员（含众多高校快题第一名）。

个人邮箱：472548290@qq.com

目　录

1

手绘技法概述

建筑及景观手绘是设计表现的一种重要方式，手绘表现既要体现出艺术性，又需要有透视空间的严谨性。因此，建筑及景观手绘区别于其他绘画表现，是有更多的规律和方法可循的。它是建筑、景观、规划等专业的一门重要的专业必修课程。

1.1　设计中手绘技法的作用和意义

手绘与我们的现代生活密不可分。对建筑师、研究学者、设计人员等设计绘图相关职业的人来说，手绘设计的学习是一个贯穿职业生涯的过程。而手绘培训是一种以手绘技能需求为对象的教育训练，对现代社会设计美学的传承有着不可替代的现实意义。

手绘是应用于各个行业手工绘制图案的技术手法。设计类手绘主要是前期构思设计方案的研究型手绘和设计成果部分的表现型手绘，前期部分被称为草图，成果部分被称为表现图或者效果图。手绘内容很广泛，言语无法尽善表达。

手绘图表现是设计师艺术素养和表现技巧的综合体现，它以自身独特的魅力、强烈的感染力，向人们传达设计的思想、理念以及情感。手绘的最终目的是通过熟练的表现技巧来表达设计者的创作思想。

"图画是设计师的语言。"虽然随着科技的发展，很多平面设计图和3D效果图都被用来体现设计，但是计算机绘图所需的时间和硬件设备上都具有一定的局限性，所以从设计师的角度来看，如何把自己的创意和灵感记录和描绘出来，如何用画笔及时地与客户交流沟通，是衡量设计师们专业度的重要标准。

1.2　学习手绘表现的方法

1）临摹

挑选优秀的作品进行临摹。虽然好的艺术修养基础对学习手绘效果图有很大帮助，但培养艺术修养的最好途径还是多看、多练习、多体会。手绘同时也是一种技法，是有规律可循的，大家不要被复杂的手绘图吓倒，在临摹作品时应弄清其表现的基本技法和规律，这样才能快速掌握手绘的技能，本书将重点介绍这些基本技能和规律。

2）默画

当临摹到一定程度的时候，就可以试着默记一些组合或者是场景，然后以自己的方式组合起来，创造出属于自己的空间场景。通过这一步骤，既可以巩固自己的绘画基础，也是试着创造和设计的试验阶段。

3）写生

在完成了临摹和默画的基础训练以后，写生就是最直接的训练方式了。写生又分照片写生和实景写生，无论是哪种写生方式，对于构图、取景、虚实处理、明暗区分以及后期上色的色彩搭配，都有很高的要求。

4）设计

手绘的最终目的是为设计服务，所以不管手绘画得如何，最终都要用于设计，而且必须用于设计，体现设计。手绘培养的是一个人的设计空间感，所以必须要把平面图纸转化成实景空间，才能使效果图具有生命力、打动人。这个过程较难，通常需在大量临摹和默画之后才能达到理想的效果。本书也试图总结其中可循的规律，帮助读者更好地掌握手绘设计的技能。

手绘技法基础知识

2.1 常用工具及使用方法介绍

在建筑及景观手绘表现中主要用到的工具可以分为三类：纸、笔和尺规。对于初学者而言，学好手绘的第一步就是要了解这些工具的特性和使用方法。目前市面上相关的绘图工具种类繁多，本书主要介绍几种常用的绘图工具。

2.1.1 纸类

1）复印纸

复印纸质地细滑、不晕染、性价比高，特别适合在手绘练习中使用。在建筑及景观手绘表现中，建议选择80 g A3的复印纸，如图2.1所示。

2）硫酸纸

硫酸纸为半透明纸（图2.2），其特点是透明性好，抗老化，对油脂、水的渗透抵抗力强，但其对油墨的吸附性和色彩的再现能力较差，价格也偏贵。这种纸一般用在设计中的方案修改阶段，也可用于蒙图练习。

3）绘图纸

绘图纸即质地较厚的绘图专用纸，与复印纸相比其耐久性更好，质地更细滑，常用于比较正式的快题表现和手绘效果图绘制，如图2.3所示。

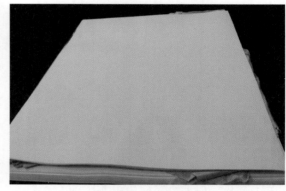

图2.1　复印纸　　　　　　　　　　图2.2　硫酸纸　　　　　　　　　　图2.3　绘图纸

2.1.2　笔类

1）铅笔

铅笔一般用于手绘图的起形，应用中可用普通铅笔和自动铅笔，如图2.4所示。普通铅笔的铅芯选择性较多，在纸面上可表现颜色的深浅变化和线条的粗细变化，线条的轻重粗细也可自由掌握。手绘中一般选HB~2B型号的铅笔较多。自动铅笔使用方便，现在市面上也有不同型号的铅芯售卖，选择性也较多，推荐初学者练习时使用。

图2.4　铅笔

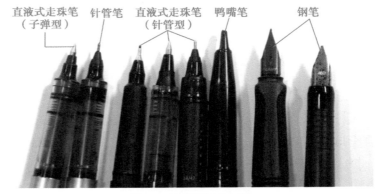

图2.5　绘图笔笔尖展示

2）绘图笔

这里所说的绘图笔，即是用来定线稿的笔。手绘中常用的绘图笔有直液式走珠笔、针管笔、钢笔和鸭嘴笔，如图2.5所示。直液式走珠笔价格低廉、使用方便，是初学者最常用的绘图笔，根据笔尖的不同又分为子弹型和针管型，可以根据使用习惯选用，但在硫酸纸上绘图时推荐使用针管型，这一类笔推荐的品牌有爱好、白雪、百乐（PILOT）等；针管笔的特点是笔尖有多种粗细的型号选择，一般有0.1~1 mm的笔尖，可根据需要选择不同型号来勾线，其绘制的线条流畅自然、粗细均匀；钢笔所绘制的线条刚劲有力、挺直舒展，且钢笔使用期较长，故长期以来都受到手绘爱好者的青睐，推荐的钢笔品牌有英雄、凌美（LAMY）和百乐等；鸭嘴笔的笔尖呈宽扁形，手绘者如果掌握得好可以用一支笔在画纸上表现不同粗细的线条，但其掌握难度较大，一般不推荐初学者使用。

3）彩色铅笔

彩色铅笔是手绘上色时的常用工具（图2.6），有油性和水溶性之分。油性彩铅色彩鲜艳，笔触细腻，但不溶于水；水溶性彩铅可溶于水，使用得当可以表现出水彩的效果。在手绘表现中建议选用水溶性彩铅，因为它能很好修饰马克笔的表现效果。根据笔者使用体验，推荐选用辉柏嘉和施德楼品牌。针对初学者，建议选择24色或者36色的套装，再根据需要补充其他色彩。

4）马克笔

马克笔主要有水性马克笔和油性马克笔两种，如图2.7所示。水性马克笔的色彩透明度高、笔触清晰，但多次覆盖后颜色易脏，也易使纸张起毛；油性马克笔可溶于酒精，其色彩沉稳，可反复叠加，色彩过渡自然，但气味较重，用时应注意室内通风。在快速表现中常用油性马克笔，初学者常用的品牌有Touch、凡迪、斯塔等。

5）高光笔

高光笔主要用于修饰马克笔的上色效果，能制造反光、透光等效果，如图2.8所示。手绘表现中常用的高光笔有两种：一种是笔状的，适合于画高光线条；另一种类似修正液，其笔身可挤压出水，可画高光点或用手涂抹制造朦胧效果。

图2.6 彩色铅笔

图2.7 马克笔

2.1.3　尺规工具

在建筑及手绘效果图绘制中，画一些主要透视线、长直线、规整图形等线条时，建议初学者用尺规作图。常用的尺规工具有平行尺、直尺、三角尺、比例尺、圆模板等，如图2.9所示。

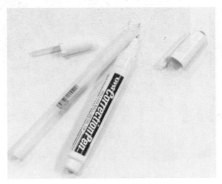

图2.8　高光笔

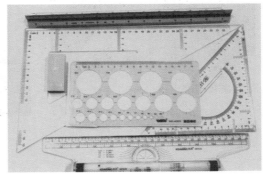

图2.9　常用的尺规工具

2.2　徒手线条技法练习

徒手线条技法练习是手绘技法的基础，看似简单，实则千变万化。线条的变化可以通过线条的快慢、虚实、轻重、曲直等关系来体现。根据表现内容的不同，可以将线条大体分为直线、抖线、自由曲线和凹凸线条等几种类型。本节将重点介绍这几种线条的绘制技巧。

2.2.1　正确的坐姿和握笔方法

正确的坐姿是画好线条的前提，正确的握笔方法也可以帮助我们快速进入状态。

1）坐姿

坐立端正，双脚与肩同宽，手肘轻放于桌面，与手臂大致成90°，如图2.10所示。

（a）正确的坐姿正立面　　　（b）正确的坐姿侧立面　　　　（c）错误的坐姿

图2.10　坐姿示意图

2）握笔

一般情况下，握笔的位置距笔尖约2 cm，笔与纸面成45°夹角，手、手腕和手肘关节在一条直线上，如图2.11所示。

（a）错误的握笔（握笔太紧）　　（b）画横线的握笔　　　（c）画竖线的握笔

图2.11　握笔姿势示意图

2.2.2　徒手线条的基本技法练习

1）直线

直线是手绘表现中最常用的线，很多形体都是由直线构建而成的。画直线时要注意以下几个要点（图2.12）：

①画短直线时用手腕摆动，画长直线时用手臂带动而手腕不动，这样更利于画出笔直的线条。

②画线分起笔、运笔和收笔3步，起笔顿挫有力，运笔过程速度要快，收笔稍作提顿。

③线条要连贯有力、出笔果断，切忌犹豫和迟疑。

④切忌来回重复表达一条线。

⑤长线宜断不宜接，交叉线宜接不宜断。

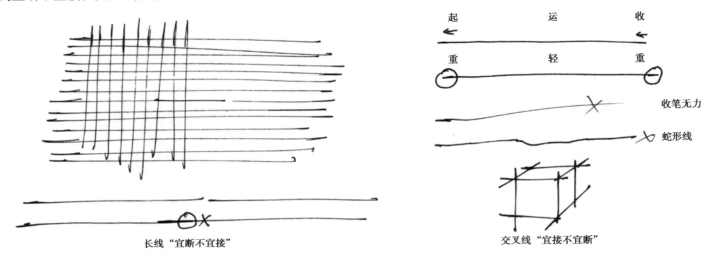

图2.12　直线画法

徒手直线的表现是手绘最基本的要求，平时可以多加练习。线条练习可参考图2.13。

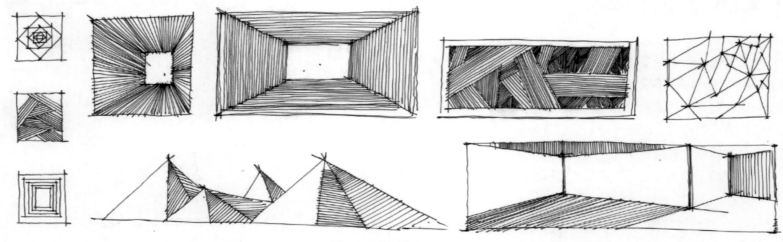

图2.13　徒手直线练习

2）抖线

抖线其实也是直线的一种，适合表现较长的直线、竖向直线或者水面等。画抖线时首先要保持放松，笔不宜握得太紧，由手腕带动笔作微微抖动，运笔速度稍慢，做到"大直小曲"。抖线如图2.14所示。

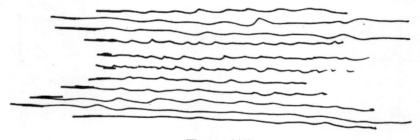

图2.14　抖线

3）自由曲线

自由曲线在手绘表现中也较为常见，如表现弯曲的道路、建筑的曲线轮廓、某些材质的纹理等。它是整个画面中表现比较灵活的部分，表现时要体现出曲线的张力和弹性，尽量一气呵成。自由曲线如图2.15所示。

图2.15　自由曲线

4）凹凸线条

凹凸线条多用于景观手绘图中植物的表现以及一些建筑材质的纹理表现。练习中要注意线条的凹凸变化，即要熟练灵活地运用笔和手腕之间的力度，以表现丰富的变化效果；切忌用笔拘谨，形成规则的凹凸变化。凹凸线条如图2.16所示。

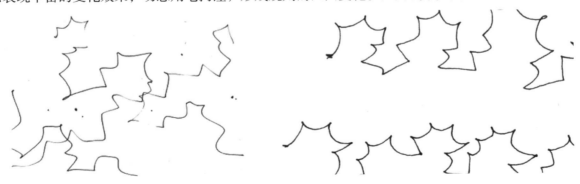

图2.16　凹凸线条

2.2.3 阴影排线的方法

阴影排线的目的是让画面更有立体感。手绘表现中，阴影排线一般是单线排列，即线条整齐成行地排列，不覆盖，用线条的疏密表现明暗变化。

1）阴影排线的顺序

根据画图习惯，一般由密到疏进行排线，这样越往后运笔越放松，越能形成比较自由的收笔，如图2.17所示。

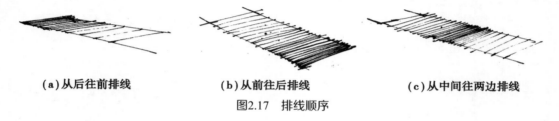

（a）从后往前排线　　　　　（b）从前往后排线　　　　　（c）从中间往两边排线

图2.17　排线顺序

2）排线方向的选择

选择合适的排线方向可更好地表现体块的立体感。常见的排线方向主要有四类：按透视方向排线，一般物体的投影会选用透视方向排线，并以短边排线；45°斜线排线，一般方形体块的暗面会选用此种排线；排铅垂线，这种排线适用于物体的投影或曲面的转折面；排水平线，这种排线较少，可用于曲面的投影排线。排线方向的选择如图2.18所示。

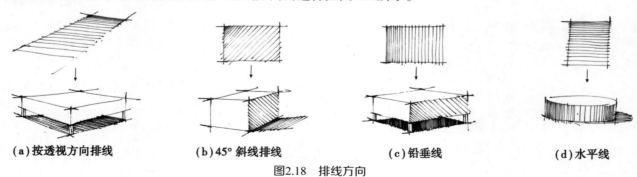

（a）按透视方向排线　　　　（b）45°斜线排线　　　　（c）铅垂线　　　　（d）水平线

图2.18　排线方向

3）排线要点

①排线应整齐一致排列，一次从头排到尾。

②一般从最密的地方开始画，逐渐过渡到疏。

③若需加深排线密度，覆盖的线应尽量与第一次排线方向一致。

④为更好地体现出疏密变化，建议以八字形收尾。

⑤排线尽量不超过边界线，但也不能为了满足这一点而过于拘谨，还是要以线条流畅有力度为前提。排线要点如图2.19所示。

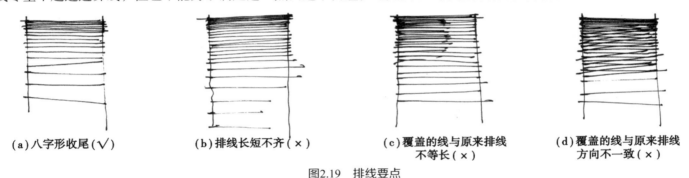

（a）八字形收尾（√） （b）排线长短不齐（×） （c）覆盖的线与原来排线 （d）覆盖的线与原来排线
                                                    不等长（×）   方向不一致（×）

图2.19 排线要点

2.2.4 徒手体块练习

掌握了徒手线条的绘制和排线技巧后，就可以进行徒手体块的练习。在手绘表现中，无论是建筑的还是景观的基本元素，都可以概括成一些体块的基本型。因此，进行徒手体块练习是画好手绘的重要环节。在方案草图表达阶段，也常用到体块分析。

一个基本体块可划分成外形和光影两部分。

1）外形

画外形时，首先应想好体块的大小和透视角度，再将其绘制到纸面上。一般是先画前部、再画后部，遮挡部分的线条不用画。对于初学者，建议直接用绘图笔画外形，不用铅笔打底稿。这就要求初学者在直线练习时要打好基础，学会控制线条。初期练习时不必过于在意形体的透视是否完全准确，只要整体不变形即可，但线条一定要果断流畅，交叉线要尽量搭接上，不要断开，如图2.20所示。

抓形要点如下：

①先想好再画；

②从前往后画；

③线条要果断；

④交线需搭接。

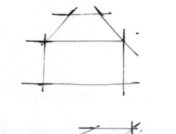

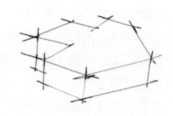
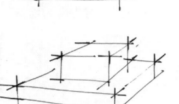

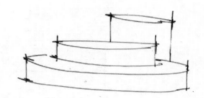

图2.20　徒手体块抓形练习

2）光影

手绘表达中的光影表现与素描不同，手绘中一个体块的光影主要分三个部分：亮部、暗部和投影，其明暗变化用排线的疏密来表示，如图2.21所示。

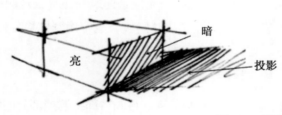
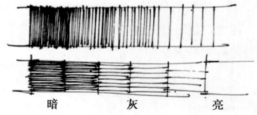

图2.21　手绘体块的明暗组成

①光源分析：一般会选前、侧、上方45°单向光源。尽量不选择后方和顶部光源，因为这两个方向来光不好表达体块的立体感。如图2.22（a）和（b）所示为可选光源，如图2.22（c）和（d）所示的光源方向不建议选择。

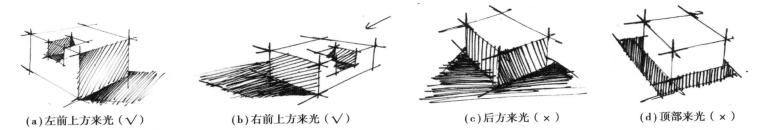

(a)左前上方来光（√）　　(b)右前上方来光（√）　　(c)后方来光（×）　　(d)顶部来光（×）

图2.22　光源方向的选择

②明暗关系的确定：确定好了光源，即确定了体块的亮部、暗部以及投影的方向。在手绘光影表达上的一般处理是：亮部留白，投影比暗部颜色重；面与面转折处加强光影对比；组合体块前部明暗对比强，后部明暗对比弱。以此为原则，可按由暗到明的关系对各个面进行编号，以便于体块明暗的表达。如图2.23所示，①～②为地面投影，排线最密集；③～④为墙面投影，排线密度次之；⑤～⑥为体块暗面，排线更稀疏。又根据前后关系，①、③、⑤的明暗对比比②、④、⑥的明暗对比强。

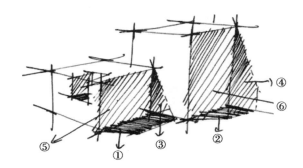

图2.23　手绘体块明暗关系分析

3）排线

可按编号顺序进行排线，各个面的明暗关系即是排线的疏密关系。同时要注意排线方向选择，一般原则是：当面的长宽接近时可选45°方向排线；按透视方向排线时取短边方向排线；曲面一般按铅垂方向排线；交接面尽量改变排线方向。体块排线如图2.24所示。

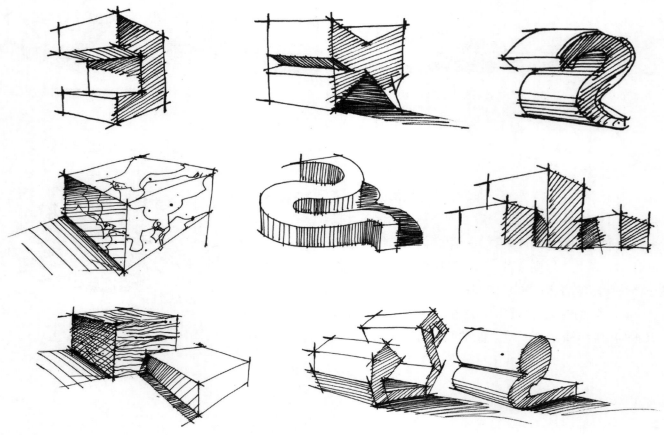

图2.24　徒手体块排线练习

2.2.5 材质的表现

建筑和景观的材质常见的有方瓷砖、木纹、大理石、冰裂纹、砌砖、玻璃等。不同材质的表现如图2.25所示。需要注意的是，材质的表现要尽量自然，当物体有透视关系时，对应的材质也需要有透视的变化，体现出"近大远小、近实远虚"的效果。

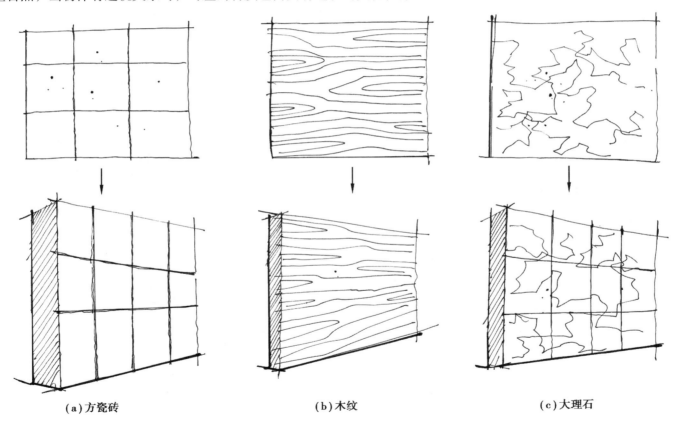

(a) 方瓷砖   (b) 木纹   (c) 大理石

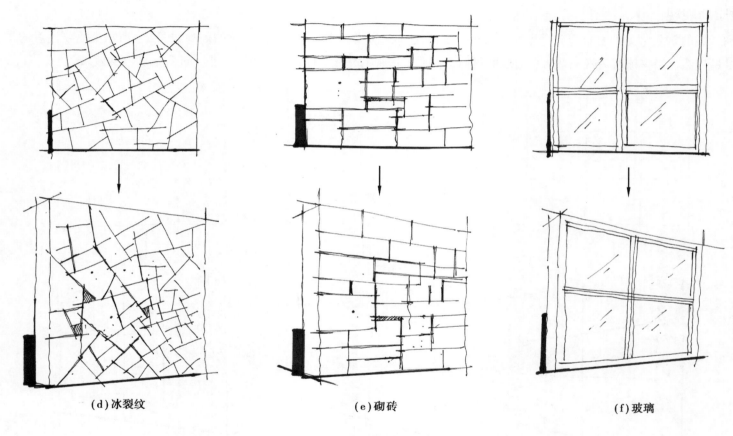

(d) 冰裂纹　　　　　　　　　(e) 砌砖　　　　　　　　　(f) 玻璃

图2.25　材质的表现

课后练习

2.1 线条练习：练习4种基本徒手线条，重点是直线的练习，可参照图2.13。

2.2 蒙图练习：根据老师提供的彩色照片进行蒙图练习，用阴影排线的方法表现出物体的明暗关系。

2.3 体块练习：徒手绘制体块单体及组合，可参照图2.24。

2.4 材质练习：练习不同景观材质的徒手表现，可参照图2.25，也可参照图2.26。

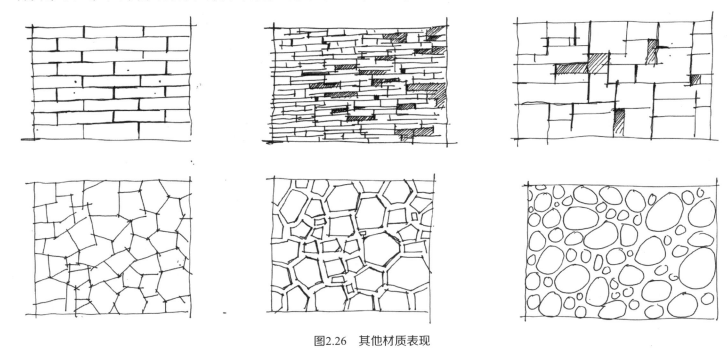

图2.26 其他材质表现

3

透视基础

3.1　透视的基础知识

　　将空间中的三维图形表现在二维图纸上，通常采用投影的方法。在建筑和景观的设计中常用到的投影为正投影和中心投影（也称为透视投影）。用正投影方法画出的图即平面图、立面图，这一类图纸能真实地反映场地的尺寸，但表现的空间感较弱。用中心投影方法画出的图即为透视图，这类图比较符合人的视觉习惯，表现的空间效果更直观，但由于有透视变形，一般不能反映场地的真实尺寸。我们通常用透视图来表现设计场地的空间效果。人看物体的位置不同，会产生不同的透视形式，在景观和建筑的效果图中常用到的透视形式有一点透视（平行透视）、两点透视（成角透视）和三点透视。透视图的产生原理如图3.1所示。

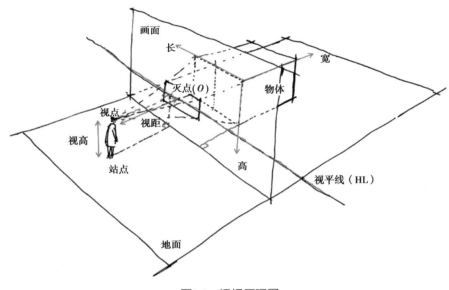

图3.1　透视原理图

图3.1中相关术语解释如下：

①视点：人眼睛看物体时在画面上的位置。

②视高：视点到地面的垂直距离。

③视距：视点到画面的垂直距离。

④视平线（HL）：通过画面上视点的一条水平线，一般以人的正常视高来确定。

⑤灭点（*O*）：空间中一条与画面相交的直线的无限远点的透视。空间中互相平行的直线的透视相交于灭点，与地面平行的直线的灭点一定在视平线上。

3.2 一点透视

3.2.1 一点透视原理解析

若将一个正方体正放，人站在前方平视正方体，与其中一个立面平行，这时看到的正方体的长与高依然是横平竖直的，只有宽度（厚度）方向有透视变形，几条透视线交于一个灭点，这样的透视称为一点透视，也称平行透视，如图3.2所示。

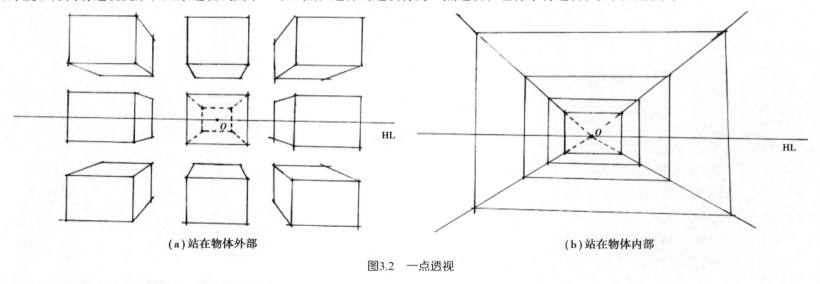

(a) 站在物体外部　　　　　　　　　　　(b) 站在物体内部

图3.2　一点透视

一点透视的空间特点有（图3.3）：

①在画面中，物体的长度方向为水平线，高度方向为铅垂线，宽度（厚度）方向的线相交于灭点O。

②长度和高度方向上等距离的点在画面中依然是等距的，宽度方向等距离的点在画面中会随着距离人的视点越远而变得越密、尺寸

越小。

③当灭点定在对称物体的中间时，画出的图形也是对称的；当灭点偏向左侧时，则表现出右侧的空间大一些；当灭点偏向右侧时，则表现出左侧的空间大一些。

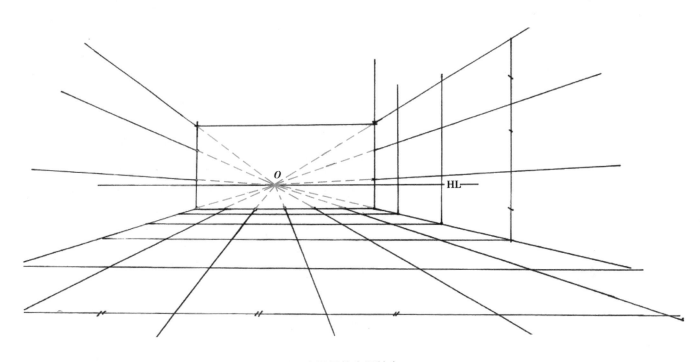

图3.3　一点透视的空间特点

一点透视的正立面没有透视变形，只有宽度（厚度）方向的平行线相交于一个灭点。这是最容易掌握的一种透视画法，在景观效果图中最常用，特别适合表现纵深感较强的场景（图3.4）；而在建筑效果图中，适合于表现只有主立面造型复杂的建筑体（图3.5）。

图3.4 一点透视的景观效果图示例

HL

图3.5 一点透视的建筑效果图示例

3.2.2　一点透视画法

如图3.6所示，已知一空间长22 m，宽16 m，树高约8 m，试画出该空间的一点透视。

具体画图步骤如下：

①根据场地特点，先在画面中确定视平线和灭点，再画出长、宽、高的基线及刻度，如图3.7所示。

a.视平线一般定在画面中部偏下1/3至1/2的位置，这是由人的垂直视域范围决定的。一般人能看到的视点以上的范围比视点以下的范围高2倍左右，这在第5章还会详细讨论。

b.灭点定在视平线上，通常定在中间的位置。为增强画面的活泼感，也可适当往两侧偏移。

c.地平基线（GL）到视平线的距离代表着视高，刻度的长短主要取决于画面中要表现的场地的大小。

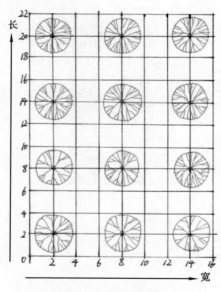

图3.6　空间平面图

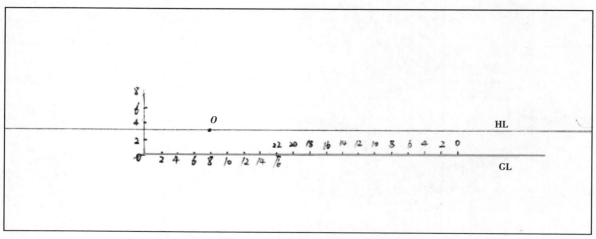

图3.7　确定视平线和灭点

刻度的确定是难点。图中所画的刻度相当于场地最远的一个立面上的刻度，因此高和宽的刻度值是一致的，而长度方向的刻度画好后还需要经过透视转化。一般先确定高度方向的刻度，视平线穿过的位置即为视高，这样可根据视平线的位置确定O点刻度位置；再由8 m刻度的位置引进深方向的透视线，判断空间大小是否合适，若不合适再进行调整。

②画出地面边线透视线，根据画幅确定最前面的边线，再反推找到量点M，如图3.8所示。

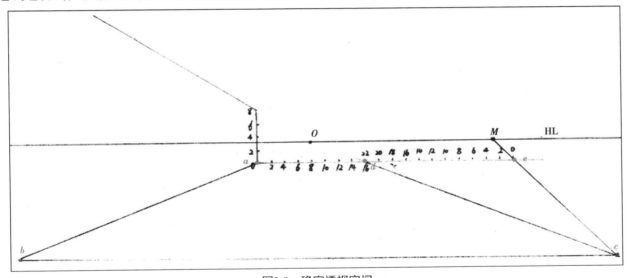

图3.8　确定透视空间

a.长度方向的透视线都交于灭点，即ab、cd都交于O点；

b.宽度方向的透视线都为水平线，即bc为水平线，是画面最前面的透视线；

c.量点M也是在视平线上的点，它与灭点的距离可以反映视距的长短。即M点距O点越近，表示人站得越近；M点距O点越远，表示人站得越远。为了方便确定地面空间大小，我们先确定画面最前端的水平线，再返回找量点，即连接ce并延长于HL的交点就是量点M。

③连接M点与长度方向的各个刻度，在cd透视线上得到透视刻度；再根据一点透视特点画出地面透视网格线，如图3.9所示。

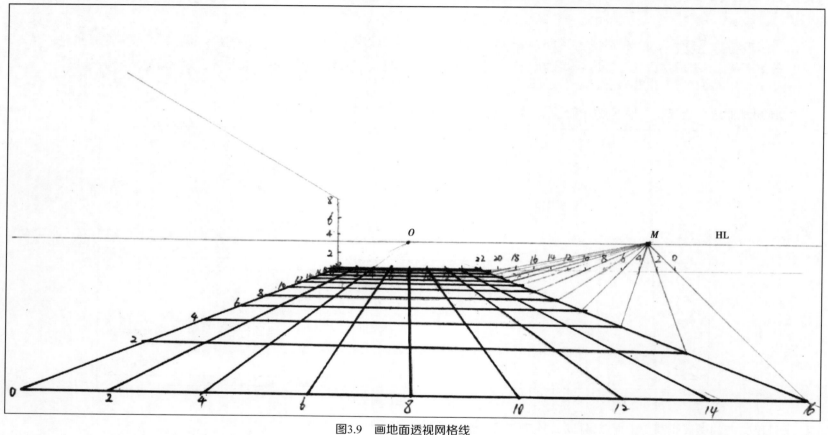

图3.9　画地面透视网格线

　　宽度方向没有透视变形，可直接由地平基线的刻度引透视线；长度方向有透视变形，其透视刻度需要通过量点M来确定。从图中可看出，长度方向刻度呈"近大远小、近疏远密"的关系。

④确定树的空间位置及树高，如图3.10所示。

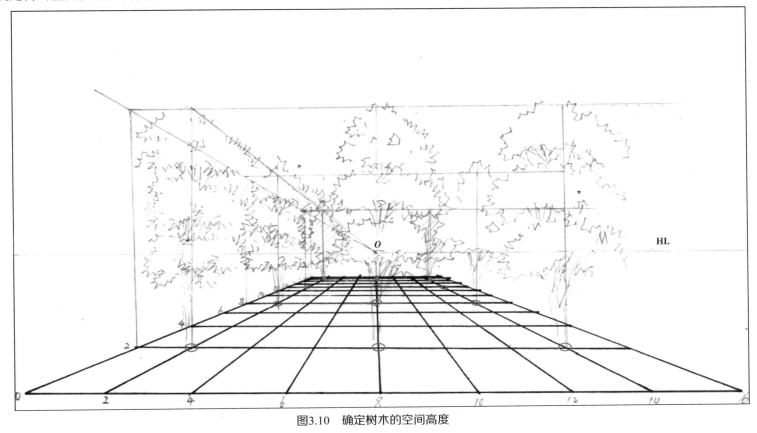

图3.10 确定树木的空间高度

a.首先应根据平面图中树圈的位置确定树木在透视地面上的位置，可通过标注刻度线确定。

b.树高的确定：由高度基线的8 m刻度引透视线，再根据透视原理确定各个树木点位的高度线。从图中可看出，一点透视中，等高的树呈现出"近高远低"的变化。

⑤整理图面，完成制图，如图3.11所示。

绘制成图时，应从前往后画，明确前后的遮挡关系，并且线条要有"近实远虚"的处理，这一点在后几章会详述。

图3.11　完成后的画稿

3.3 两点透视

3.3.1 两点透视原理解析

人在平视角度下，与物体的两个相邻主立面均成一定的夹角，这时看到的物体的长度与宽度方向都有透视变形，两边的线条各交于一个灭点，高度方向的线仍为铅垂线，这样的透视我们称为两点透视，也称成角透视（图3.12）。

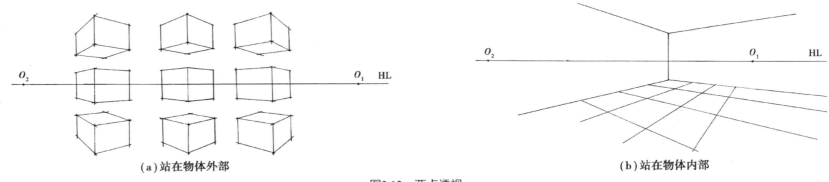

（a）站在物体外部　　　　　　　　　　　　　　　　　　（b）站在物体内部

图3.12　两点透视

两点透视的特点如下：

①长度和宽度方向各有一个灭点O_1和O_2，两个灭点均在同一条视平线上，两个方向的平行线的透视分别交于这两个灭点，高度方向仍为铅垂线。

②长度和宽度方向均有透视变形，表现出"近大远小、近疏远密、近高远低"的效果。

③灭点与物体转角线的距离越近，则该方向的透视变形越大；灭点与物体转角线的距离越远，则该方向的透视变形越小。

两点透视的两个立面都有透视变形，透视角度不好把握，画法相对复杂，但表现出的画面效果更自由、活泼。这种透视被广泛用于建筑和景观的效果图表达中，如图3.13和图3.14所示。

图3.13　两点透视的建筑效果图示例（1）

图3.14　两点透视的建筑效果图示例（2）

3.3.2 两点透视画法

同样是3.2.2节的空间，画成两点透视效果图，方法如下：

①根据场地特点确定视平线和灭点的位置，再确定长、宽、高的基准线的刻度，如图3.15所示。

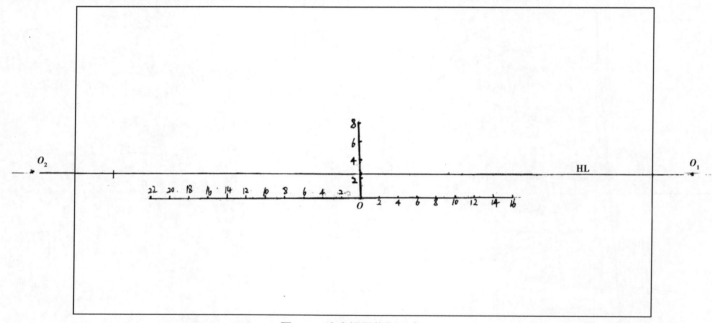

图3.15 确定视平线和灭点

a.视平线位置的确定与一点透视相同，定在画面中部以下1/3至1/2的位置。

b.两个灭点均在视平线上，视角尽量取大一些，即两个灭点尽量远离，可定在画面以外。若想让右边所占空间比左边大，可将灭点 O_1 更远离画面，或使高度刻度线稍靠左一些。

c.刻度线的确定方法与一点透视基本一致，都是先确定高度的刻度线，再画两个边长的刻度线。只是要注意，其长和宽都有透视变形，刻度确定好以后还需要通过量点进行透视转化。

②画出地面各边线的透视，如图3.16所示。

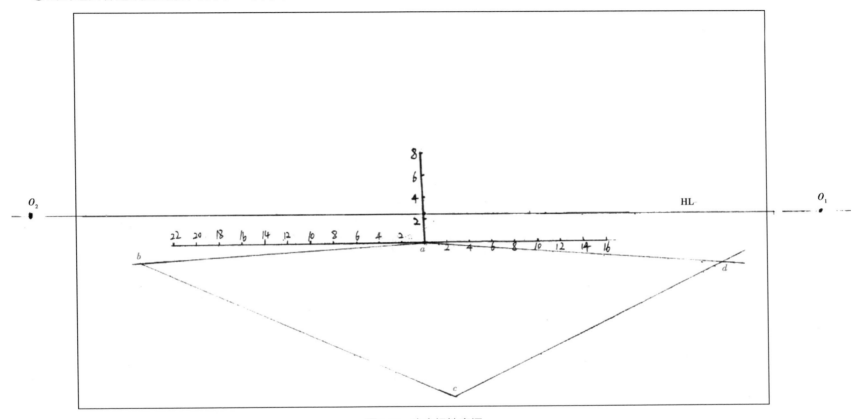

图3.16　确定场地空间

a.长度方向的透视线ab和cd相交于O_1，宽度方向上的透视线ad和cb相交于O_2；

b.两条最前面的边线cb与cd尽量往下画，使整个地面空间布满画面。画图时也可通过控制bc和cd的夹角来确定O_1与O_2的位置。

③根据各边线顶点找到长度和宽度方向上的量点M_1、M_2，再确定透视刻度，画出地面透视网格线，如图3.17所示。

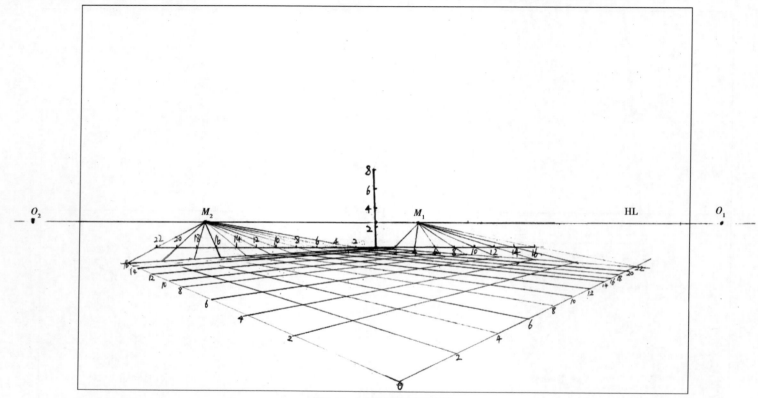

图3.17　画地面透视网格线

a.cb边是长度方向上最靠前的线，对应着刻度22。因此，连接b点和22刻度再延长与HL的交点即得到M_1，同理可得到M_2。

b.分别连接M_1、M_2和对应的刻度点，在ab和ad透视线上就能得到各边的透视刻度。再将ad边上的透视刻度与O_1连接，将ab边上的透视刻度与O_2连接，即得到了地面上的各透视网格线。

④确定树木在平面上的位置,再根据透视原理确定树高,如图3.18所示。

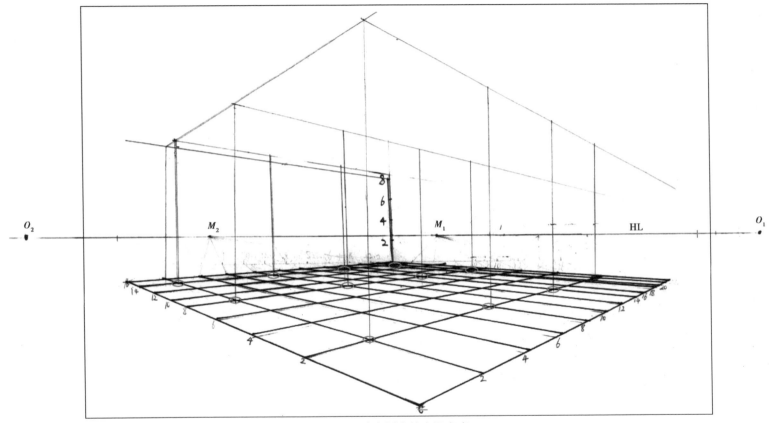

图3.18 确定树木的空间高度

a.结合平面图,在地面透视网格线上标定树木的位置。

b.由高度基线的8 m刻度处引透视线,再根据透视原理确定各树木位点的8 m高度线。

⑤整理图面，完成制图，如图3.19所示。

画成图时，同样注意应从前往后勾线，以表现前后的遮挡关系。与该场地的一点透视效果图相对比可看出，两点透视所展现的树阵更完整。

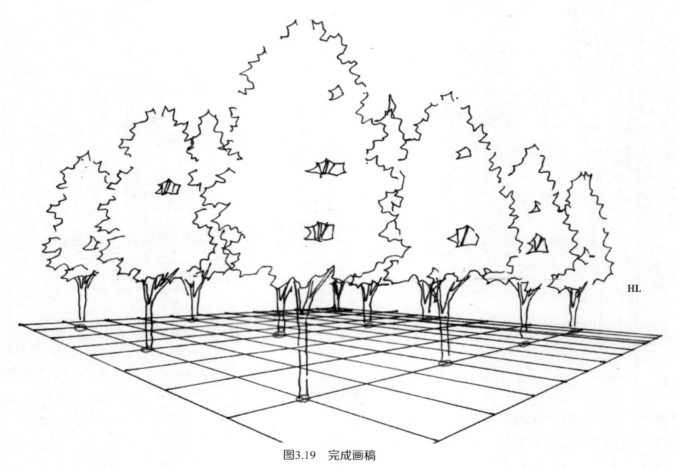

图3.19　完成画稿

3.4　三点透视及鸟瞰透视

3.4.1　三点透视

人在仰视或俯视的角度，与物体的长、宽、高三个方向都不平行，这时看到的物体的三个方向都有透视变形，在画面中有3个灭点，这样的透视我们称为三点透视（图3.20）。

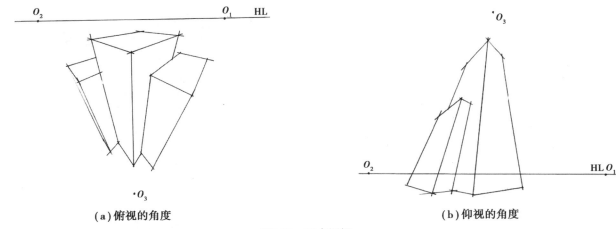

（a）俯视的角度　　　　　　　　　　**（b）仰视的角度**

图3.20　三点透视

三点透视的特点如下：

①三点透视的长、宽、高三个方向各有一个灭点，即O_1、O_2、O_3。通常O_1和O_2都在视平线上，O_3远离视平线，三个方向的平行线分别相交于3个灭点。

②在俯视角度下，视平线在物体以上，O_3在视平线以下，并低于物体。

③在仰视角度下，视高远低于物体的高度，O_3在视平线以上，并高于物体。

三点透视的效果图（图3.21）在三个方向都有透视变形，并且长、宽方向上的透视变形较大，是比较难的透视表现方式，在景观及建筑的效果图表现中应用较少，一般在空间场地中有较高物体的情况下应用，例如高层建筑和纪念碑的效果图表现。

图3.21　三点透视的效果图

　　一般情况下，当所选取的视高远高于景观场地或建筑体块时，也是用俯视的视角看物体，但不一定都要用三点透视来表现。如果场地中的物体高度远低于视高，可以忽略高度方向的灭点，从而用视平线抬高的一点透视或两点透视来表现，我们将这一类透视统称为鸟瞰透视。

3.4.2　鸟瞰透视

　　当我们站在一定高度俯视场地时，看到的场地空间关系更清晰，视域范围更广。虽然场地长、宽、高三个方向都有一定的透视变形，但由于视点很高（远高于物体的高度），因此在高度方向上物体的变形角度不大。由于这个角度如小鸟看世界的角度，所以就称这类透视为鸟瞰透视。在景观和建筑快题表现中，常用鸟瞰透视来交代设计场地的空间关系，如图3.22、图3.23所示。

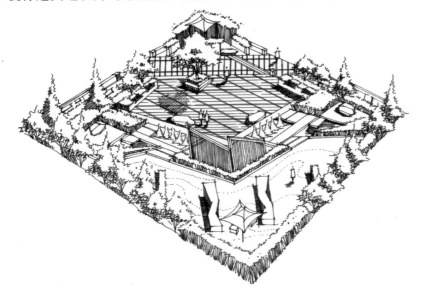

图3.22　景观鸟瞰透视效果图

图3.23　建筑鸟瞰透视效果图

鸟瞰透视的特点如下：

①视平线高于画面，灭点在视平线上，因此透视线呈现出往上方聚合的趋势。

②物体在高度方向上的变形角度不大，可近似画为铅垂线，但物体的高度明显缩短，比正常视角看着要矮。

根据视点与场地位置的不同，鸟瞰透视也有一点透视和两点透视，其中以两点透视最常见。由于鸟瞰透视的视平线很高，一般会高出画面以外，因此我们在确定透视变形比例时不宜用前面的方法，而常采用打"米"字格的方法。

下面以两点透视的鸟瞰图为例来讲解"米"字格的绘制方法，仍以上一节的场地空间来表现。

①先在平面图上创建"米"字格，如图3.24所示。

在一个平面图中，先沿矩形轮廓画对角线，找到中点，再画中线，即创建了一个"米"字格。可用相同的方法在平面图上创建4个或8个"米"字格。图3.24中刻意将长度方向加长到24 m再创建"米"字格，是为了方便后面画地砖线。

②确定视平线和灭点的位置，画出场地边线的透视，如图3.25所示。

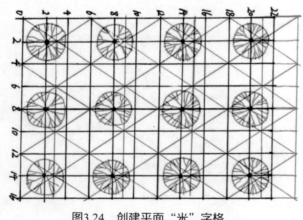

图3.24　创建平面"米"字格

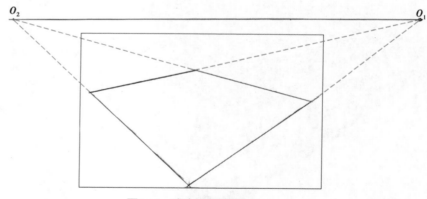

图3.25　确定透视空间

鸟瞰透视的视平线和灭点一般都在画纸以外，实际画图时一般不会画出视平线和灭点，而是根据"近大远小"的透视原理直接画场地边线的透视，并让这个透视框充满画面。

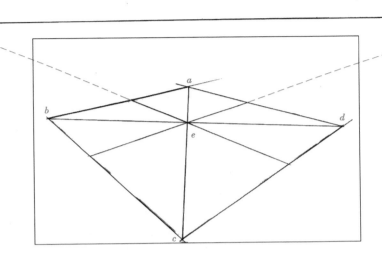

图3.26 创建空间"米"字格

③根据对角线原理，画第一个"米"字格，如图3.26所示。

先连接ac和bd画出对角线，交点e为中点，分别连接eO₁和eO₂就得到了两个方向的中线。

在没有视平线和灭点的情况下，同样也是根据"近大远小"的透视原理画中线的透视。

④同理，细分"米"字格，根据平面图画出对应的"米"字网格，如图3.27所示。

在划分"米"字格时，可直接连接两个方框对角线的中点。有时作图会有偏差，画好后应检查各方向透视线是否都符合"近大远小"的原则。

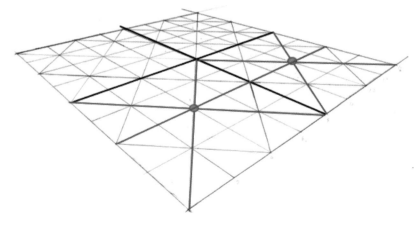

图3.27 完成地面"米"字格划分

⑤根据"米"字网格定位画出地面的地砖网格，如图3.28所示。

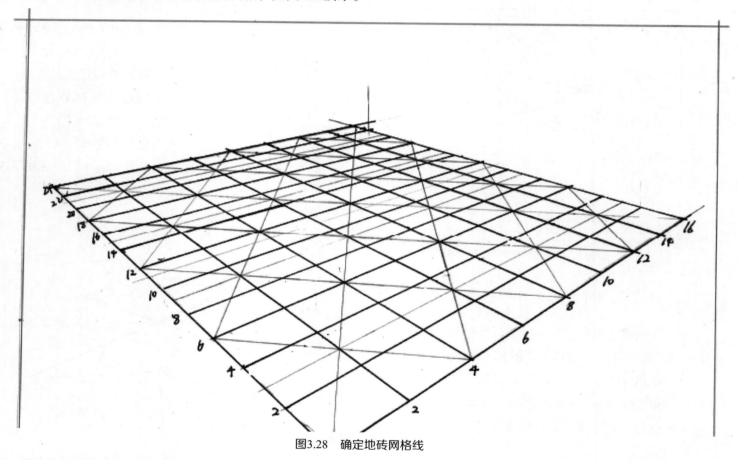

图3.28　确定地砖网格线

　　"米"字网格中，有些透视线是与地砖线重合的，可直接用，有些是不需要的线，但可以作为其他地砖线的参考。画线时应注意每个方向的透视线都要遵循"近大远小、近疏远密"的原则。

⑥确定树木的位置和高度，如图3.29所示。

首先也是由地砖线确定每棵树的栽植位置。鸟瞰透视中树木高度的确定没有基准线，可根据视觉经验先确定最前面一棵树的高度，再根据透视原理画出其他树木的高度。

⑦整理图面，完成制图，如图3.30所示。

鸟瞰透视所表现的场景比前面一点透视和两点透视都要完整，遮挡更少。可看出鸟瞰透视适合于表现场地空间关系，因此在景观和建筑效果图中较为常用。

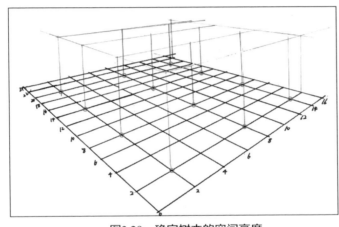

图3.29　确定树木的空间高度

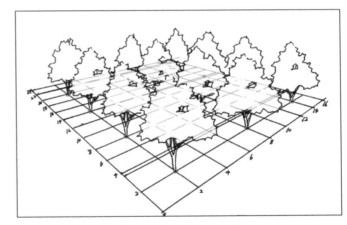

图3.30　完成后的画稿

课后练习

理解一点透视、两点透视和鸟瞰透视的绘制原理，并按本章讲述的步骤绘制相应的空间场地。

4

景观元素的表现技法

植物的表现技法

　　景观元素中的植物表现是初学者较难掌握的内容，因为植物是变化最为丰富的元素。在手绘表现中，我们可以依据生活型将植物分为乔木、灌木和草本花卉类植物，三者在手绘中分别对应不同的技法。

4.1.1　植物线稿的基本技法

1）植物的光影分析

　　植物形态虽千姿百态，但一般可近似地将它看作一个球体，植物的光影就基本遵循球体的光影变化，如图4.1所示。植物的树冠可分为亮面、暗面、转折面和明暗交界线，其中明暗交界线为最暗的部分，亮面留白。

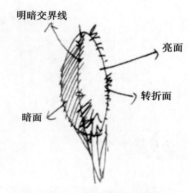

图4.1　植物的光影

2) 树叶表现的5种常见形式

树叶的表现形式如图4.2所示。

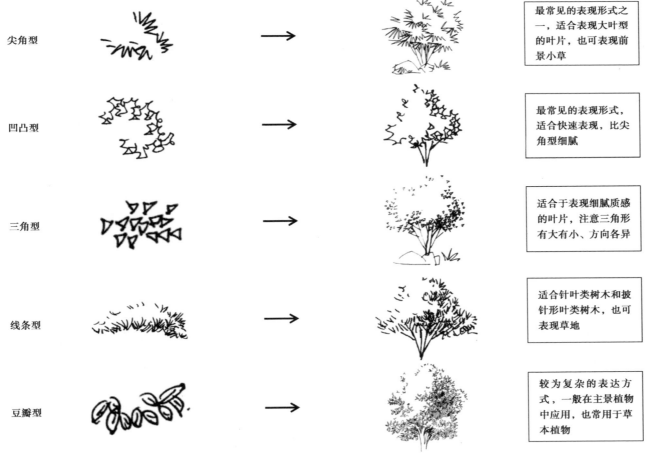

尖角型　→　最常见的表现形式之一，适合表现大叶型的叶片，也可表现前景小草

凹凸型　→　最常见的表现形式，适合快速表现，比尖角型细腻

三角型　→　适合于表现细腻质感的叶片，注意三角形有大有小、方向各异

线条型　→　适合针叶类树木和披针形叶类树木，也可表现草地

豆瓣型　→　较为复杂的表达方式，一般在主景植物中应用，也常用于草本植物

图4.2　树叶的表现

3）枝干的表现技法

枝干的表现要遵循植物的生长特点，一般植物枝干具有离心生长的特性，即以地为中心往上、往四周生长。因此，画枝干时要体现出时间上和空间上的变化，如图4.3所示。

枝干的时间变化：越接近地面的枝干越老，越往上的枝干越新。因此，从下往上，枝干应该有由粗到细的变化。

枝干的空间变化：枝干生长到一定长度后有分枝，一般是二叉状分枝。枝干在空间上有前后左右的位置关系，同时要注意枝干的穿插关系。

枝干的表现技法要点如图4.4所示。

①整体上应遵循"下粗上细、下紧上展"的规律。

②注意"前后左右"四个方向的关系，注意枝条的穿插关系。

③保持树干重心稳定，注意疏密关系的处理。

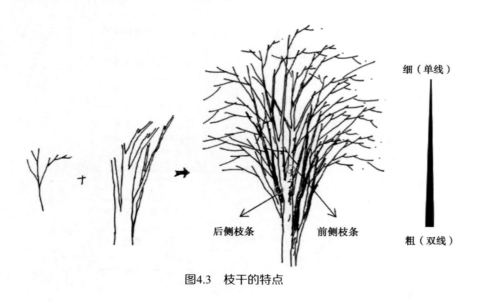

图4.3　枝干的特点

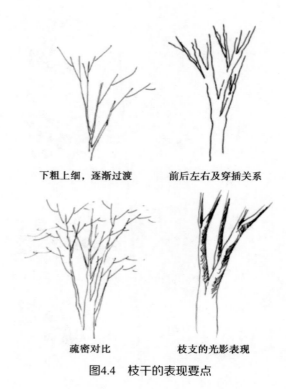

下粗上细，逐渐过渡　　前后左右及穿插关系

疏密对比　　枝支的光影表现

图4.4　枝干的表现要点

4）植物形态的表现形式

植物的形态可简要概括为圆形、梯形、三角形、"8"字形、组合型等几种基本类型，如图4.5所示。

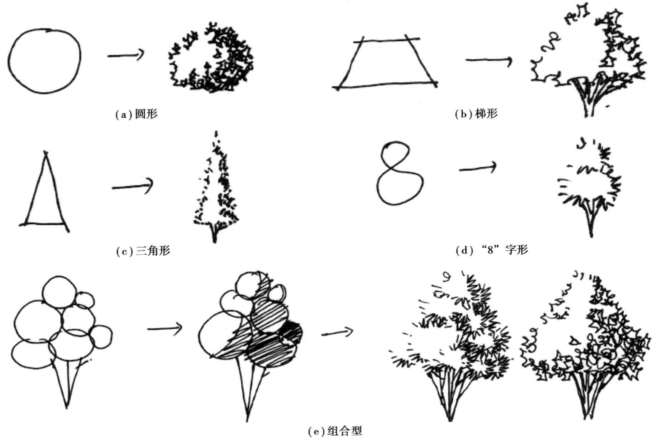

(a) 圆形   (b) 梯形

(c) 三角形   (d) "8"字形

(e) 组合型

图4.5 植物形态的表现形式

4.1.2 乔木的表现技法

乔木是指具有明显独立主干的木本植物，一般由树冠和树干所构成。根据乔木的表现特征，我们又可将乔木分为普通乔木和特殊乔木两种。

1）普通乔木的画法

（1）绘制步骤（图4.6）

①先概括乔木的外形特征，确定树冠和枝干的比例。

②绘制乔木的轮廓，根据画图习惯选择树干和树冠的绘制顺序。建议初学者先画树冠再画树干，这样能更好地处理枝干和树冠交接的位置，也能更好把握重心关系。

③最后画阴影，体现乔木的光影效果。

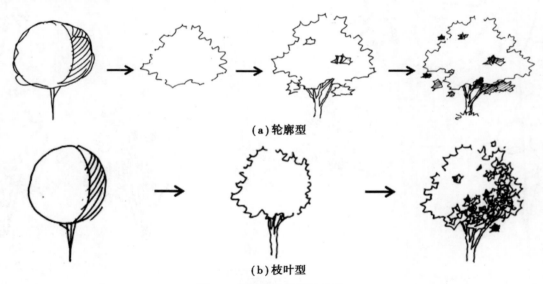

（a）轮廓型

（b）枝叶型

图4.6 普通乔木的画法步骤

（2）注意事项（图4.7）

①注意树干和树冠的重心关系。

②树冠团块应有主次之分。

③处理好乔木的光影关系，一般暗部面积不宜太大，树冠和树干交接的地方要加重处理。

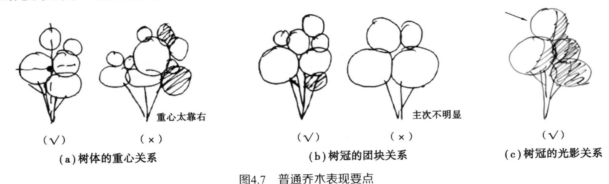

图4.7　普通乔木表现要点

（3）普通乔木表现举例

普通乔木的绘制在手绘表现中最为常用，适用于表现各种阔叶树、针叶树以及树木的冬态效果，如图4.8、图4.9所示。

图4.8　枝干表现示例图

图4.9　普通乔木表现

2）特殊乔木的画法

本书主要介绍棕榈科植物、竹子和芭蕉的画法。

（1）棕榈科植物的画法

棕榈科植物的树干没有分枝，叶片都从顶部生长点长出，并且叶大而少，因此可以通过刻画主要叶片形态来表现植物的树冠。

①叶片的画法：

用手绘表现棕榈科植物的叶片，主要是要画出其形态和生长方向。叶片整体呈"下大上小"的结构，叶两边深裂至近中脉，叶缘尖硬，并稍往中间合，如图4.10（a）所示。

表现时，不同方向的叶片会呈现不同的遮挡关系，且根据其生长特点，上部的叶片更挺立，应运笔更有力，下部的叶片近枯萎，应运笔更松软。不同方向的叶片如图4.10（b）所示。

②树干的画法：

棕榈科植物的主干笔直，不分枝。枝干上部由于有叶鞘包裹，呈现出"上大下小，上重下轻"的效果。在景观场景中表现时往往不会画到底，只露出树干的中上部即可，如图4.11所示。

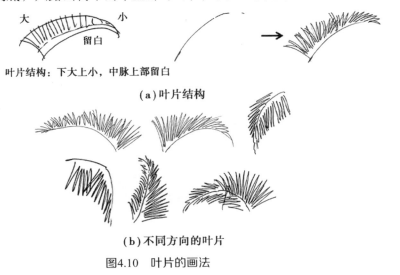

图4.10　叶片的画法

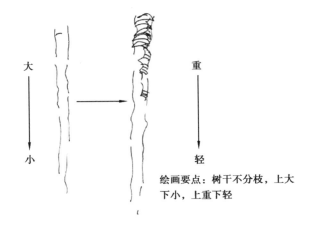

图4.11　枝干的画法

③整株的绘画步骤：

a.先确定树体结构，画出枝干位置和主要叶片的方向，注意叶片都是从枝干顶部中心点长出的。

b.画叶片，注意表现"前、后、左、右、上、下"叶片的区别。

c.画树干，可以刻意表现一些断线，使树干的质感更强。

具体绘制步骤如图4.12所示。

图4.12　棕榈科植物的绘画步骤

④棕榈科植物表现举例：

根据以上的画法要点，可在效果图中表现不同种类的棕榈科植物，同学们可参照图4.13进行单体练习。

图4.13　棕榈科植物的表现

（2）竹子的画法

竹子外形细长，主干直立，茎节明显，手绘表现时要注意抓到这些主要的特征。图4.14展示了竹子的画法技巧。

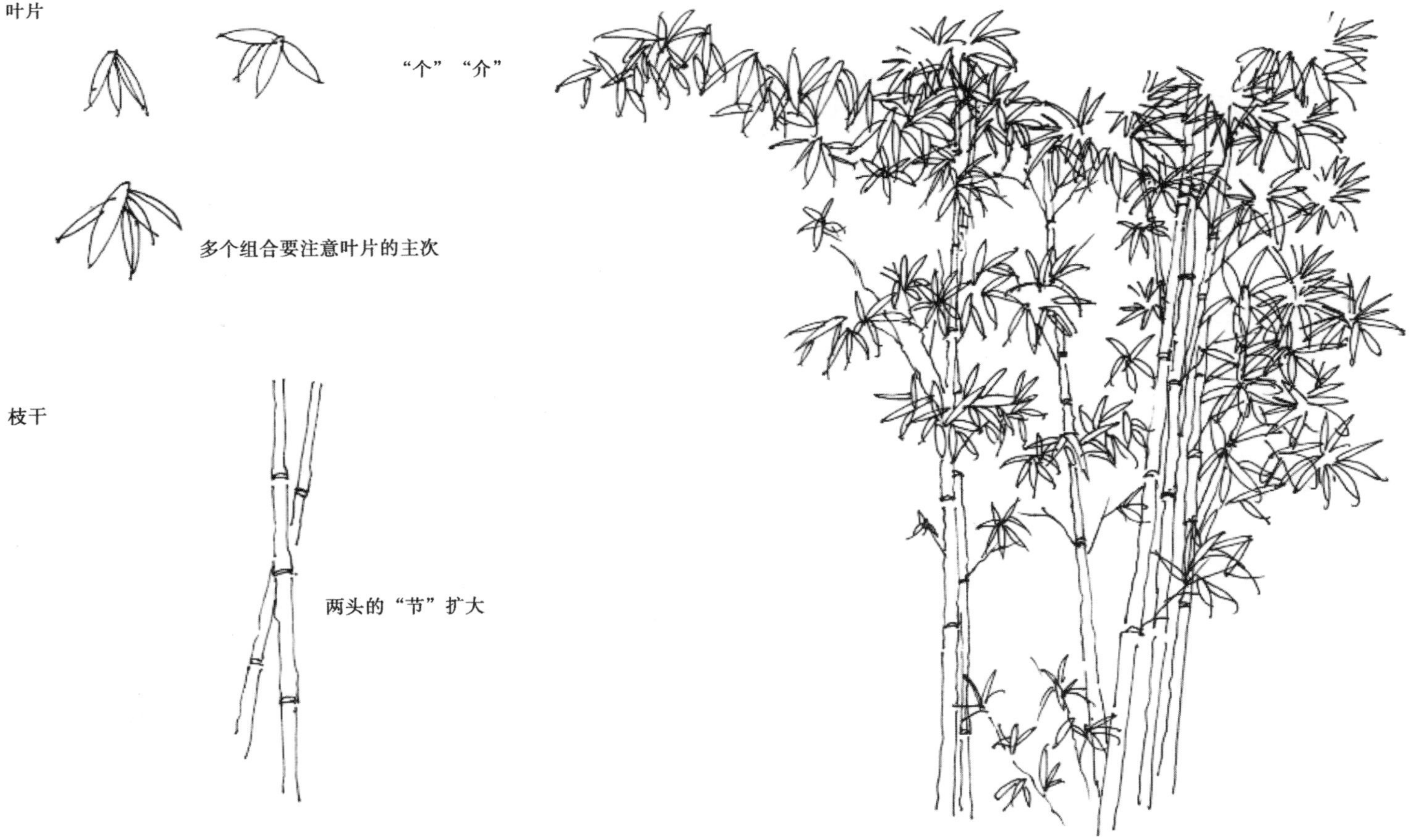

叶片

"个" "介"

多个组合要注意叶片的主次

枝干

两头的"节"扩大

图4.14　竹子的分解画法

（3）芭蕉的画法

芭蕉的外形与棕榈科植物类似，主干均没有分枝，叶片都较大，只是芭蕉的叶片较柔软，叶缘如撕裂的形态，用笔上要注意区分。图4.15展示了芭蕉的画法技巧。

芭蕉树的画法

基本叶形

不同方向的叶片

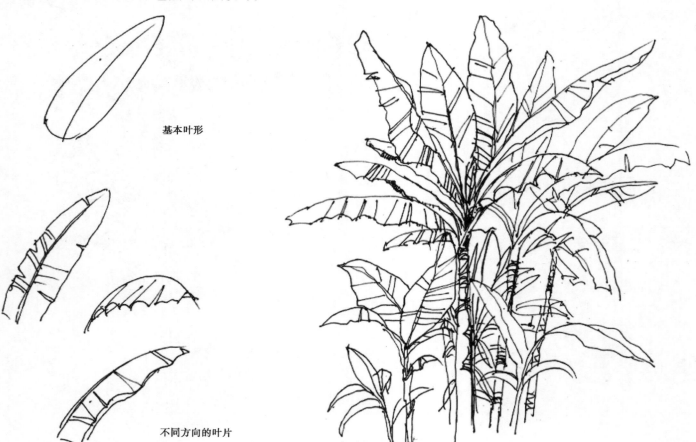

图4.15　芭蕉的分解画法

4.1.3 灌木的画法

灌木没有明显的主干，呈丛生状。在景观中，灌木主要分自然丛生型和规整型两种，如图4.16和图4.17所示。

灌木的画法与普通乔木类似，先确定基本的轮廓和光影方向，再选择一种叶片的基本线型画细节。

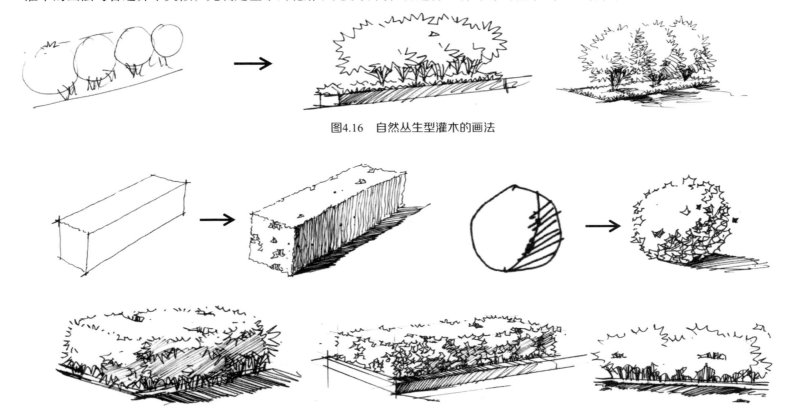

图4.16　自然丛生型灌木的画法

图4.17　规整型灌木的画法

4.1.4　草本植物的画法

草本植物一般体积比较小，质地柔软，变化也比较丰富，一般在手绘中作前景或中景的点缀用。根据草本植物的形态，我们大致可以将小草分为<u>丛生小草</u>（细致型、轮廓型）、草坪和观赏类草本植物。下面简单介绍这些草本植物的绘制方法和应用。

1）<u>丛生小草的表现技法</u>

（1）细致型

细致型小草一般在中景中表现，要把小草画得生动自然。

技法要点（图4.18）：

①整体形态呈"下紧上松"的扇形结构。

②叶片有"前后左右"的方向变化。

③叶片穿插时要注意"有根可寻"。

④运笔稍快，宜表现出小草向上的生命力。

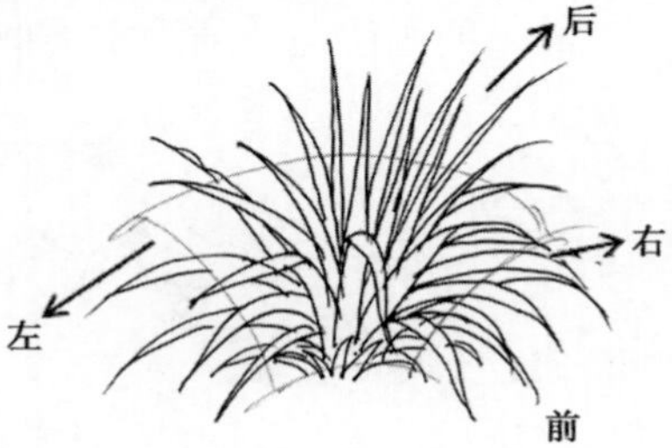

绘制步骤（图4.19）：

①可先用铅笔勾出草<u>丛</u>基本轮廓。

②从前往后画出不同方向的几片叶片，确定草丛结构。

图4.18　细致型小草的结构

概括基本型　　用四个方向的叶片确定骨架　　细致刻画

图4.19　细致型丛生小草的画法

③画其他叶片，初学时建议从上往下一片一片地画，运笔前先确定叶片的走向，明确叶片的穿插关系。

图4.20　轮廓型

（2）轮廓型

轮廓型小草一般在前景中作框景表现，或者在中景中快速表现，一般用尖角型线条来画，如图4.20所示。

2）草坪

草坪一般用短线条排线来表现，如图4.21所示。草坪是一个面，一般的处理是亮部留白，暗部用排线来表现阴影效果。

图4.21 草坪的画法

3）观赏类草本植物

很多草本植物的花、叶或果实都有较高的观赏价值，其特征也比较明显。对于这一类植物，我们需要概括其主要特征，并表现出明暗和虚实的变化。图4.22为部分观赏类草本植物的手绘表现示例。

图4.22 观赏类草本植物示例

4.1.5 植物组团的表现技法

表现植物组团时要注意前景、中景和远景的不同表现，同时要注意用阴影来区别植物的团块关系。

如图4.23（a）所示，植物组团的主景树表现更细致，画出了树冠和树干的细节，而远景树则以轮廓简单表现，表现的空间进深感更强。图4.23（b）只是一个小场景的植物组团，表现时以阴影的对比来突出植物的前后关系。

（a）有景深的植物组团　　　　　　　　　　　　　　（b）小场景植物组团

图4.23　植物组团表现示例

4.2   石头的表现技法

石头在景观中一般起点缀作用，或者构成地形骨架。常见的以石头为元素的景观有假山、置石、驳岸、挡土墙、花台等。

4.2.1   石头线条的表现

第2章详细讲解了体块的表现技巧，石头也可看成一些不规则体块的组合，因此石头的表现也需要有形体和光影的塑造。同时，石头是坚硬的物体，在线条表现上要有力度，表现出坚硬的质感，如图4.24所示。

石头的画法讲解

石头的绘制步骤如下：

①概括石块的基本型。

②画石块的轮廓，注意"石分三面"，用笔要快速有力。

③确定光源，进行光影分析，再排明暗调子。

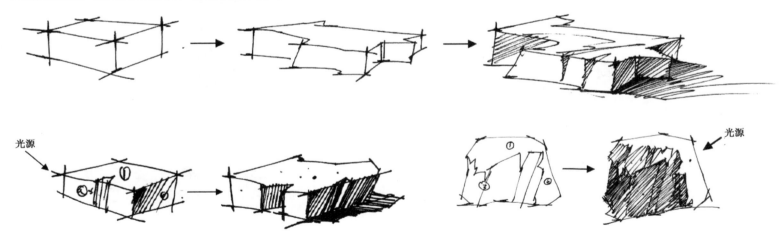

图4.24　石头的画法

4.2.2 石头的表现示例

　　效果图中表现的石头通常以组合的形式出现，例如多块石头的堆叠，还有石头与水景、植物等其他元素的搭配。组合石块的表现技法可参照第2章徒手体块一节。同学们可参照图4.25进行石头单体的手绘练习。

图4.25　石头的表现示例

4.3 水景的表现技法

水景是景观中最有灵气的元素。水可以流动，给景观增添活跃的气氛；平静的水面也可以产生倒影，增强空间景深效果。水景的表现形式多样，根据水的流动与否，可以分为静水水景和动水水景两大类，这两类水景在手绘表现上也有所区别。

4.3.1 静水的表现技法

静水在景观中的表现形式主要有池塘、湖泊、游泳池、水镜等。通常这一类水景具有水面开阔、平静的特点，在手绘表现中可以通过刻画阳光下微微起伏的水波纹、水中的投影和倒影来表现水景的效果，如图4.26所示。

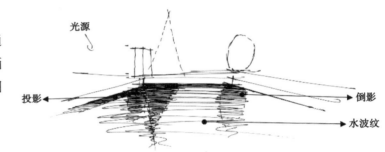

图4.26 静水景观的表现要素

1）静水波纹的表现

阳光照射下，水面会呈现波光粼粼的效果，可用平滑曲线或抖线来表现这种效果（图4.27）。在画静水波纹时要注意以下3点：

①线条整体走向是水平的。

②线条不宜画得太多、太满，要注意留白。

③线条要有长短变化，体现疏密关系。

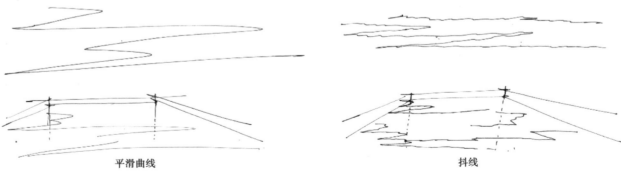

平滑曲线

抖线

图4.27 静水波纹的画法

2）投影和倒影的表现（图4.28）

当平静的水面上或水边有其他物体时就会产生投影和倒影。其中，投影的排线可参考体块投影的排线，在此不赘述。倒影的排线常用循环笔触，具体方法是：将物体的外轮廓线往下延长，用虚线表现两条铅垂线，再画水平的循环笔触。有时候为了增强画面表现效果，对画面中主景的倒影可以画出倒影轮廓。

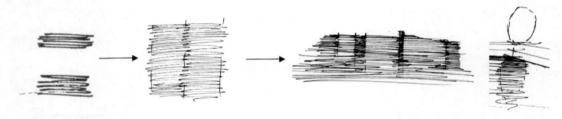

图4.28　倒影的画法

静水景观示例如图4.29—图4.32所示。

图4.29　自然驳岸景观（1）（米正廷供图）

图4.30 自然驳岸景观（2）

图4.31　游泳池景观

图4.32　庭院景观水景

4.3.2　动水的表现技法

动水即流动的水景，在景观中也有多种表现形式，如溪流、瀑布、跌水、喷泉等，在手绘表现中需要画出水的流动感。下面列举几种常见动水水景的表现技法。

1）瀑布及跌水的表现技法

基本用笔方法：

①瀑身的用笔：笔尖从上往下抽出，起笔稍重，运笔快，收笔轻。

②用阴影表现流水的厚度。

③底部用水波纹表现落水效果。

瀑布的画法步骤如图4.33所示。

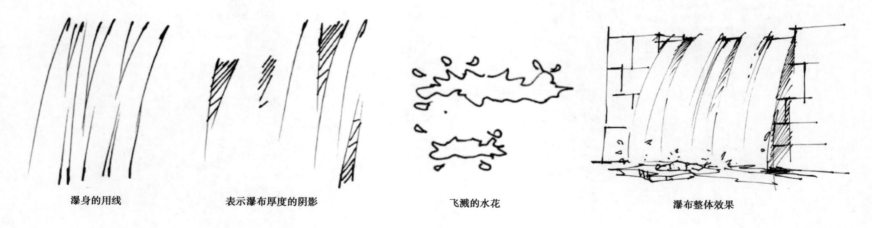

瀑身的用线　　　　表示瀑布厚度的阴影　　　　飞溅的水花　　　　瀑布整体效果

图4.33　瀑布的画法

瀑布及跌水景观示例如图4.34所示。

图4.34 瀑布及跌水景观示例

2）喷泉的表现技法

喷泉的画法如图4.35所示，可用抖动的波浪线画出喷泉的结构，为了增强立体效果，还可以在水柱上加上光影。不同喷泉小品的表现如图4.36所示。

  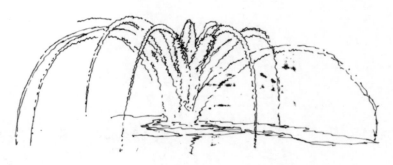

图4.35　喷泉的画法

  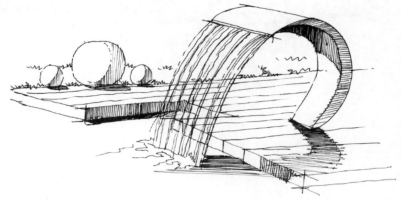

图4.36　不同喷泉小品示例

3）溪流的表现技法

溪流景观往往是几种水景的综合应用，若表现的是平缓的溪流，则主要参照静水景观的画法；若是落差较大的溪流，则主要参照跌水景观的画法，表现出水的流动性（图4.37）。

图4.37　落差较大的溪流景观

4.4 景观小品的表现技法

景观小品可以看成置于环境中的公共艺术品，主要起到点缀环境、烘托氛围的作用，有的景观小品还具有一定的使用功能。景观小品的表现形式非常丰富，根据使用功能，可以将其分成服务类小品、装饰类小品、展示类小品和照明类小品四大类（图4.38）。

服务类小品：如廊架、座椅、垃圾箱等；

装饰类小品：如雕塑、花钵、景墙、喷泉雕塑等；

展示类小品：如指示牌、布告栏、导游牌等；

照明类小品：如路灯、草坪灯、广场灯等。

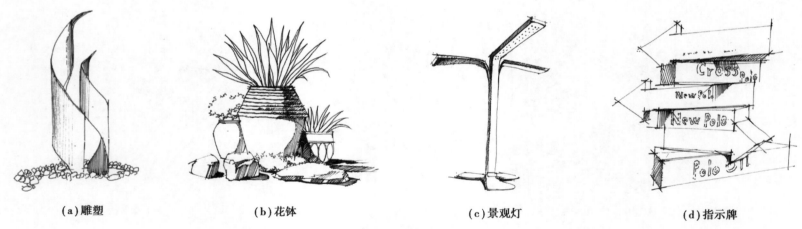

(a) 雕塑　　　　　　　　(b) 花钵　　　　　　　　(c) 景观灯　　　　　　　　(d) 指示牌

图4.38　各类景观小品

景观小品的造型丰富，有时还与其他景观元素搭配，其手绘要点是抓住基本的形体特征。一般情况下，可以把景观小品看成不同体块的堆叠，因此要遵循体块的抓形要点。下面以景观座椅为例（图4.39），讲解景观小品的绘制步骤。

①确定最前面体块的大小和透视。

②以前面体块为参照，画出后面各部分的透视关系。

③表现阴影和材质，要注意暗部和投影的明暗对比，以及前后的明暗对比。

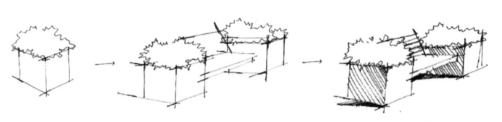

图4.39 景观座椅的画法步骤

在景观小品的手绘效果图表现中，主要表现小品在环境中的效果。故常常以景观小品作主景，周围有环境烘托。基本的绘制步骤如下：

①用铅笔绘制底稿，一般是先确定主景小品在画面中的位置，勾勒出基本的形态关系，再画环境。

②画轮廓线，注意主景和配景线条的虚实变化。

③表现小品的材质，参见第2章材质表现的内容。

④光影表现，重点处理主景小品的明暗关系，配景宜弱一些。

图4.40展示了有环境烘托的景观效果图表现。

图4.40 景观小品效果图示例

4.5 　道路及铺装的表现技法

　　道路在景观中主要起着组织交通、引导游览和组织空间的作用。根据功能的不同，可将道路分为三级，即主路、次路和小径。根据道路的表现形式又可分为规则式道路、自然式道路和汀步三种。

　　景观中的道路，特别是连接景点的次级道路，一般都有设计过的铺装纹样。因此，画道路除了要表现道路的边线外，还要表现铺装（图4.41）。

图4.41　园路效果图

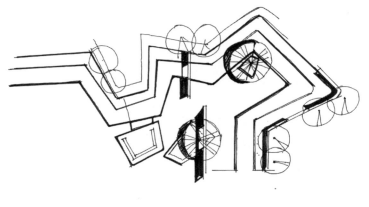

1）规则式道路的画法

规则式道路即直线型道路，它的透视感强，表现的空间距离长，应尽量严格按照一点透视或两点透视的要求来表现，如图4.42所示。规则式道路的基本绘制步骤如下：

①确定视平线及灭点。

②根据透视规则画边线。初学者建议用尺规画直线，这样更有助于表现透视感，也可以画抖线。

③画铺装。要注意铺装"近大远小、近实远虚"的透视变化。

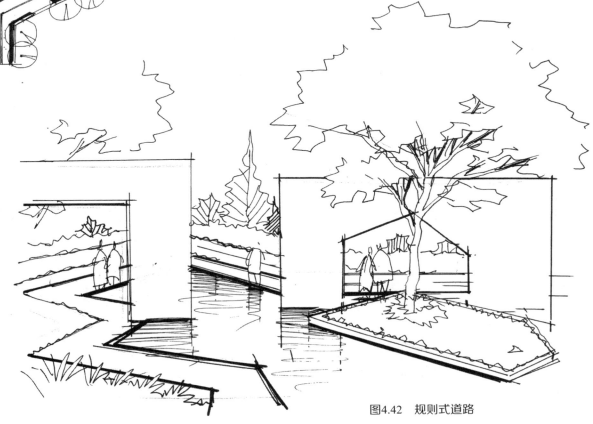

图4.42 规则式道路

2）自然式道路的画法

自然式道路曲折迂回，变化多样。自然式道路一般用徒手表现，用平滑的曲线表现道路的流畅感，如图4.43所示。绘制时应注意以下几点：

①曲线自然流畅，当曲线过长而不好把握时，可画断线。

②自然式道路总体上要遵循"近大远小"的原则。

3）汀步的画法

汀步通常由一些规则的或不规则的片石组成，画汀步的轮廓时要注意这种石头材质的表现。同时，要注意表现汀步的节奏感和韵律感，注意"近大远小、近疏远密、近实远虚"的表现，如图4.44所示。

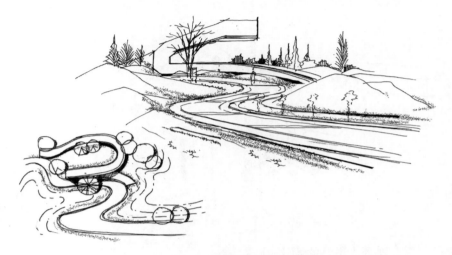

图4.43　自然式道路

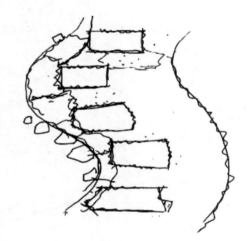

图4.44　汀步

4.6 景观配景的表现技法

景观配景是指在景观空间环境中的人物、汽车以及小鸟等，这些景物在手绘表现中常常起到烘托环境氛围、平衡画面、标识尺度关系等作用，如图4.45所示。

图4.45 景观配景在效果图表现中的作用

4.6.1 人的表现技法

1）人在空间中的作用（图4.46）

①标尺作用：将人置于空间中，可根据人的高度和大小来反映空间场地或其他景观元素的大小。

②焦点作用：在画面中需要重点标识的地方，可点缀人物以聚焦视线，起到焦点作用。

③活跃画面作用：在景观场所中画出人物的活动，可起到空间烘托、活跃画面的作用。

④平衡作用：画面中，当左右构图失衡时，可用人物进行点缀，起到平衡画面的作用。

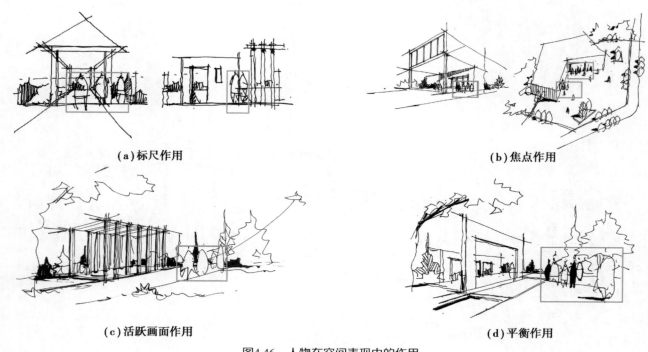

（a）标尺作用　　　　　　　　　　　　　　　　（b）焦点作用

（c）活跃画面作用　　　　　　　　　　　　　　（d）平衡作用

图4.46　人物在空间表现中的作用

2）人的比例关系

在专业绘画中，画人物是一个难点，主要是由于人的各个部分的比例关系，特别是在不同姿势下的比例关系不好把握。虽然在手绘表现中的人只是作配景，但我们也需要大致了解人的头部和身体各部分的比例关系，才能对人进行合适的概括表现。

人的头身比大致遵循"站七、坐五、盘三半"的比例关系。即以头长为单位，人在站立姿势下占七份，坐的姿势下占五份，盘坐姿势下占三份半（图4.47）。

"站七"：人在站立姿势下，头身比约为1：6；

"坐五"：人在坐的姿势下，头身比约为1：4；

"盘三半"：人在盘坐姿势下，头身比约为1：2.5。

（a）"站七"

（b）"坐五"

（c）"盘三半"

图4.47 各种姿势的头身比

3）人在空间中的位置关系

人物在空间中可置于前景、中景或远景的位置，处在不同位置的人的画法有所不同。

前景人物：前景人物离视点较近，可看清人的各种细节，包括体态、衣着，甚至面部表情，如图4.48所示。由于前景人物刻画非常细致，难度较大，因此在手绘表现中不常用到。

图4.48　前景人物

中景人物：中景人物通常能区分人物的性别、体态动作特征、衣着特征等，但不能看清人的面部表情，如图4.49所示。中景人物常用来烘托场地氛围。

图4.49 中景人物

远景人物：远景人物很小，仅有大致的体态轮廓，是用一种极为概括的手法来表现的，在手绘表现中最常用，如图4.50所示。

图4.50 远景人物

4）人的画法

（1）单个人的表现方法（图4.51）

人在景观及建筑手绘中主要以配景的形式出现，不需要对人物进行细致的刻画，常用的是对人物概括的画法。因此下面着重介绍中景和远景人物的表现方法。

人大致可分为三个部分：头、上半身和下半身，画图时要注意结构的对称性。在中远景人物表现中，人的头部通常以一个点表示，细致一点可以简单表现其发型，与身体断开；上半身概括成不规则的方形；下半身两条腿往里收，若要表现动感，就将一条腿画短一些。

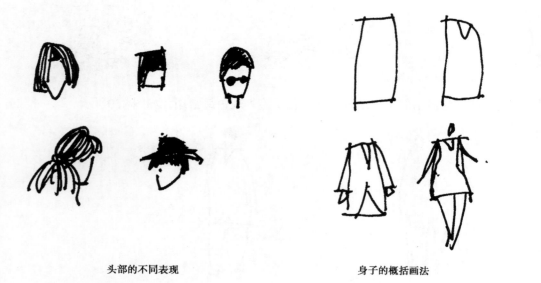

头部的不同表现　　　　　　　身子的概括画法　　　　　　四肢的画法，腿部一长一短可表现行走的感觉

图4.51　单个人的画法要点

人物性别的区分：男性通常肩部较宽，其身体可概括成倒梯形；女性通常臀部较宽，可概括成梯形或梨形，如图4.52所示。

男性的概括画法　　　　**女性的概括画法**　　　　**男性、女性的中景表现**

图4.52　人物性别的表现

人物年龄的区分：成年人、老年人、小孩在中远景表现中进行区分时，除了高度上的差异以外，还可以借助辅助物来烘托，例如老人可以支一根拐杖、戴个帽子，小孩手上可以拿气球等，如图4.53所示。

妈妈和小孩　　　　　**青年人**　　　　　**成年人**　　　　**老人**

图4.53　人物年龄的表现

人物身份的区别：人物的身份通常可以通过其配饰、运动状态等来表现，如图4.54所示。

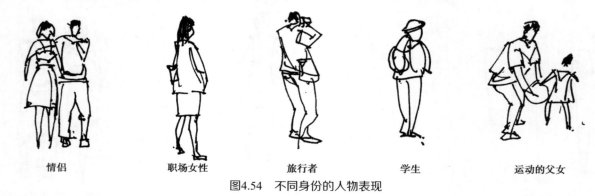

| 情侣 | 职场女性 | 旅行者 | 学生 | 运动的父女 |

图4.54　不同身份的人物表现

（2）人物群体的表现方法

景观及建筑手绘表现中，视平线高度的确定通常是以人的正常视高来确定的。在这种情况下，手绘透视图中的人，无论远近，只要是站在平地上的人，其头部都在视平线附近（小孩的高度在视平线以下），遵循"近大远小"的透视规律，如图4.55（a）所示。而在鸟瞰图或仰视图中，视平线已不再是人的正常视高，人的高度则不能与视平线平齐，但人群的头部还是会近似在一条水平线上，如图4.55（b）所示。

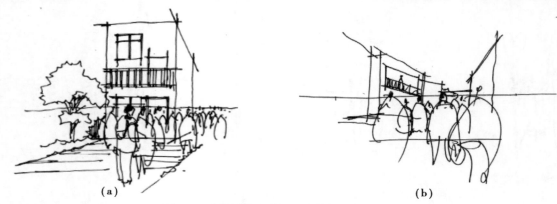

| （a） | （b） |

图4.55　人物群体在效果图中的位置关系

4.6.2 汽车的表现技法

汽车常作为道路景观的配景，有时在交代建筑和场地关系时也会画汽车。但由于汽车结构复杂，绘制难度较大，在手绘中不算常用，本书仅简要介绍小轿车的表现技法。

1）小轿车各部分的比例关系

（1）小轿车的长宽高比例

可将小轿车简化看成一个被切割的长方体结构，小轿车的长、宽、高的比例约为2∶1∶1，车窗分隔的车身上下比例约为1∶1.5，如图4.56所示。

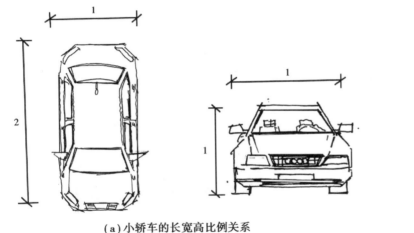

（a）小轿车的长宽高比例关系　　　　　　　　　　　　**（b）车窗分隔的车身上下比例关系**

图4.56　小轿车的长宽高比例图

（2）小轿车高度与人高度的关系

小轿车高度通常为1.4~1.6 m，比人站立的高度稍矮一些，大约低一个人头的距离。因此，我们通常在景观环境中画的小汽车都带有一点点俯视的效果，即车顶能看到一小部分，如图4.57所示。

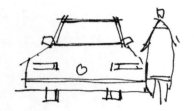

图4.57 小轿车与人的高度关系图

2）小轿车的画法步骤

根据以上分析，在景观场景中表现小轿车需把握两点：

第一是要先将小轿车概括为相应比例的体块，再按比例对体块进行切割，画出小轿车的各个部分；第二是根据人和小轿车的高度关系可知，通常在景观场景中能看到小部分车顶。景观中小轿车的基本视图如图4.58所示。

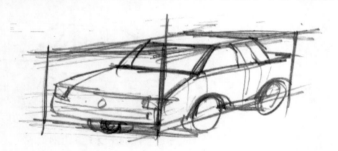
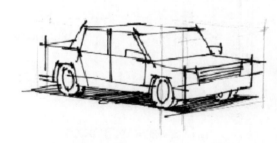

图4.58 景观中小轿车的基本视图

小轿车的画法步骤如下（图4.59）：

①由车窗确定透视关系。

②画出小轿车整体框架，注意四个轮子的位置关系。

③表现细节。

图4.59 小轿车画法步骤示意图

其他汽车的画法步骤与小轿车类似，都是要先确定大致的比例关系，再画透视体块进行切割。图4.60是不同机动车（含摩托车）的表现示例。

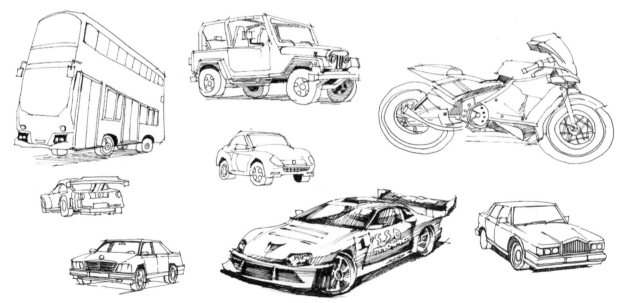

图4.60 不同机动车的表现示例图

4.6.3 鸟的表现技法

　　小鸟在效果图中的作用主要有两个：在远景中起平衡画面的作用；在中景和前景中起渲染氛围的作用。前景和中景的小鸟需要细致刻画出小鸟的个体轮廓特征，甚至动态特征，而远景的小鸟主要是表现群体特征，如图4.61所示。

(a) 中景的小鸟

(b)远景的小鸟

图4.61　小鸟在效果图中的表现图

1）前景与中景小鸟的画法

前景和中景的小鸟要概括地表现出个体的运动状态，如啄食、起飞、飞行、降落等状态，如图4.62所示。

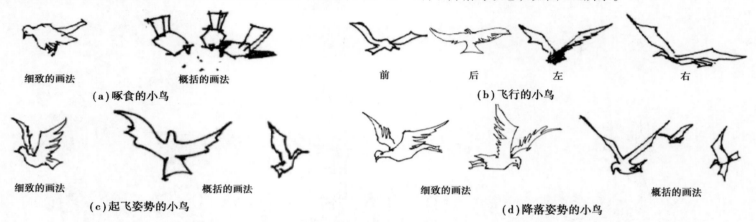

细致的画法　　　概括的画法　　　　　　　前　　　后　　　左　　　　　右

（a）啄食的小鸟　　　　　　　　　　**（b）飞行的小鸟**

细致的画法　　　　概括的画法　　　　细致的画法　　　　　概括的画法

（c）起飞姿势的小鸟　　　　　　　**（d）降落姿势的小鸟**

图4.62　小鸟的画法示意图

2）远景小鸟的画法

远景小鸟主要以群体表现为主（图4.63），表现时要注意群体飞行的形状特点及前后小鸟的透视变化，如图4.64所示。

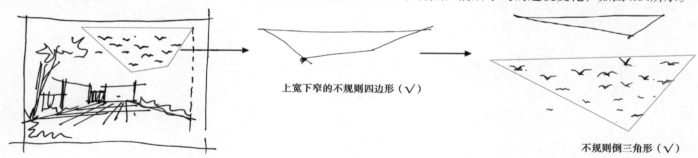

上宽下窄的不规则四边形（√）

不规则倒三角形（√）

图4.63　鸟群的结构

小鸟在群体内的变化有以下特点：

①在群体内部，小鸟飞行形态各异，鸟群尽量不在一条直线上。

②根据透视原理，小鸟的大小区分应是上大下小。

③为便于区分远近，上面的小鸟用双线，下面的小鸟用单线。

不同的小鸟形态

"上大下小"

图4.64 远景小鸟的画法

课后练习

4.1 完成植物表现：普通乔木表现、棕榈表现、其他特殊植物表现（竹子、芭蕉、特殊叶形的花灌木等）、小草表现、植物组合景观表现。

4.2 石头的表现：着重练习不同质地的石头组景抓型和明暗关系表达。

4.3 水景表现：在示例中选一张水景效果图进行临摹。

4.4 小品景观临摹：在示例中选一张小品效果图进行临摹。

5

建筑效果图的构图技法及深化表达

5.1 建筑效果图的构图技巧

5.1.1 视点的选择

　　通常人眼看到的视野范围可分为清晰的视野范围和可见的视野范围。正常情况下，在水平方向60°范围内，垂直方向往上27°、往下9°的范围内为清晰的视野范围。余光所及区域会有较大的变形，所以我们画图时通常会将主景布置在清晰的视野范围内。

(a) 垂直方向的清晰视野范围

(b) 水平方向的清晰视野范围

图5.1　人眼的视野范围

　　从图5.1可以看出，在垂直方向，视平线以上的清晰视野范围约为视平线以下的清晰视野范围的2倍。在第3章讲到透视空间的表现中，一般将视平线定在画面中部以下1/3~1/2的位置就是这个原因，在画面中应重点表现清晰视野范围内的场景。

　　建筑效果图的表现重点在建筑，建筑构成了画面的主景，因此应首先选择合适的视点（即合适的站立位置），将建筑安排在画面的主景位置。

视点选择的位置不同，所看到的建筑景象也不同。如图5.2所示，视点A在建筑正前方，并且离建筑物较近，所以只能看到建筑的局部；视点B同样是在建筑正前方，但离建筑物较远，此时能完整地看到建筑物的一个立面，为一点透视的视图；视点C在建筑的左前方，此时看到的建筑物更为立体，效果图中能展现建筑物的两个立面，为两点透视的视图，并可以看到部分建筑物周边的环境。

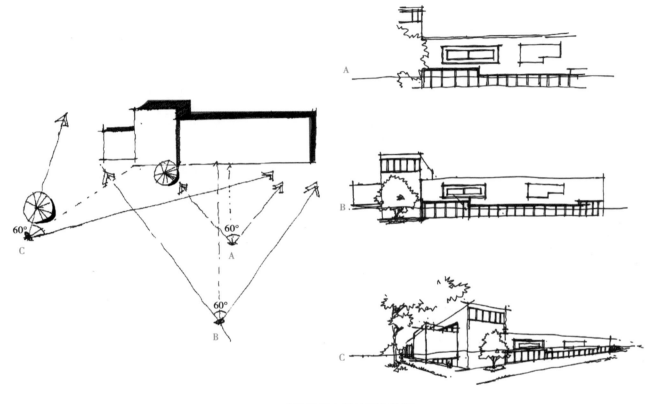

图5.2 建筑效果表现的视点选择

因此，关于建筑效果图的视点选择，可以总结出以下规律：

①当需要表现建筑物的一个完整立面时，可以选择类似视点B的位置，画成一点透视；若还需交代周边环境，视点可以再远一些。

②当需要表现建筑物的两个立面，或要突出建筑的立体感时，可以选类似视点C的位置，画成两点透视。

③当只需要表达建筑物的局部效果时，可以选类似视点A的位置，根据需要画一点或两点透视。

5.1.2 视高及视平线的确定

    视高为视点到地面的垂直距离，即观看者眼睛的高度。正常的视高为人直立站在地面上看建筑物的高度，即1.5~1.7 m的高度，如图5.3所示。当然，我们也可根据需要将视高降低或抬高。视高的确定反映到图纸上即为视平线的确定，视平线为画面中表示视点高度的一条水平线。绘制效果图时，视平线的确定是一个非常重要的先期工作。

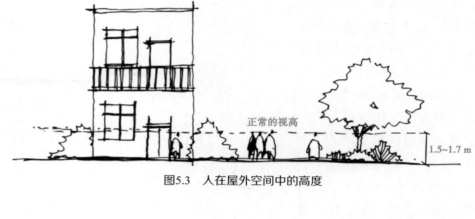

图5.3 人在屋外空间中的高度

绘制建筑效果图时，视平线在画面中的确定应遵循以下规律：

①若为正常视高，则视平线一般定在画纸中部往下1/3~1/2的高度，这样能将我们看到的清晰的建筑画面更完整地表现在纸面上，如图5.4所示。

图5.4 正常视高的透视

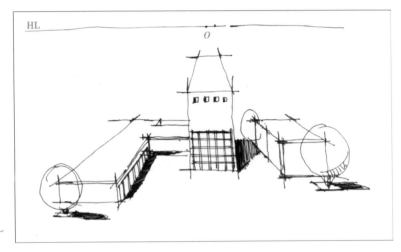

图5.5　抬高视高的透视

②若为抬高的视高（即一个鸟瞰的视点），视频线一般定在画面的上方，甚至在画面以外的位置。这样的视高一般用于表达一个建筑群体的位置关系，或表现摩天大楼，如图5.5所示。

③若为降低的视高（即一个仰视的视点），视平线通常定在画面的底部，甚至在画面以下的位置。这样的视高一般用于表达建在有高差地形上的建筑体，人处在一个仰视的角度来看建筑，如图5.6所示。

图5.6　降低视高的透视

5.1.3 构图的平衡

确定了视点和视高，就大体确定了画面的内容。建筑作为主景，一般位于画面中部稍偏一侧的位置，占据画面较大的空间，建筑周边还会有一些环境氛围的烘托。有时还会应用一些艺术性的构图手法，达到画面平衡的效果，下面用举例的方式来说明。

如图5.7所示，该建筑位于画面中部稍偏右的位置，为两点透视效果图。左立面为建筑的入口部分，是设计师想突出的一面，因此在构图上，左侧的环境烘托内容更为丰富，将人的观赏重点引向左方。同时，左右线条的疏密、高低对比也达到了构图的平衡。

视平线

图5.7 表现两个立面的建筑构图

如图5.8所示，该建筑位于画面中央，为一点透视效果图，重点表现的是建筑入口立面及景观。由于建筑及景观都为对称结构，因此效果图也为左右对称的构图。在构图上，运用简洁的树冠进行了边缘的弱化处理，使画面形成疏密对比，重点突出。同时，远景的树和小鸟点缀了天空，也打破了完全的对称，使画面更加生动。

视平线

图5.8 表现一个立面的建筑构图

如图5.9所示，左图中建筑居中，地面内容丰富，但显得天空过于空白，因此右图中在画面上部加了前景树的剪影，形成框景，从而在视觉上达到了上下的平衡，同时也丰富了空间层次。

（a）没有框景的效果   **（b）有框景的效果**

图5.9　框景的应用（1）

如图5.10所示，该建筑主体相对复杂，建筑部分有很丰富的明暗变化。左图中的建筑同样位于画面中部，前景为广场道路，但场地过于空旷，空间围合感不强，所以在右图加上了植物框景，使视线更加集中。植物框景左高右低，是出于建筑本身的特性考虑：第一是因建筑物本身就是左高右低的，第二是建筑物的入口在左侧，左边的围合感更强，可使视线更集中到左面。为了画面的均衡感考虑，还在右上部分加了小鸟点缀，并勾勒了远处的建筑轮廓，增加了景深感。

（a）没有框景的效果   **（b）有框景的效果**

图5.10　框景的应用（2）（江涵供图）

5.2　各类型建筑效果图的表现技法

5.2.1　景观建筑小品的表现技法

　　景观建筑小品包括亭、廊、水榭等，这些建筑小品通常需要在环境氛围中进行烘托，以表现出它在环境中的装饰作用。因此，绘画时既要准确地抓出建筑小品的形体，又要体现其主景地位，防止喧宾夺主。

1）亭子的表现技法

　　亭子大体由亭身和亭顶组成，亭身可看作一个立方体或圆柱体，亭顶架在亭身之上，重心稳定。画亭子时需注意以下几个要点：

①首先确定正常视角，视平线大致在柱身中部偏上。

②绘制时先按透视原理画下面亭身部分，再找到中心点画亭顶。

③清楚表达各部分的透视细节和阴影关系，以增强立体感。

　　景观中的亭子常见的有四角亭（图5.11）、圆亭（图5.12）、重檐亭等，还有其他各式造型特异的亭子（图5.13）。

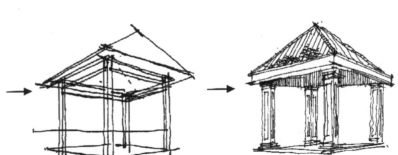

图5.11　四角亭的表现

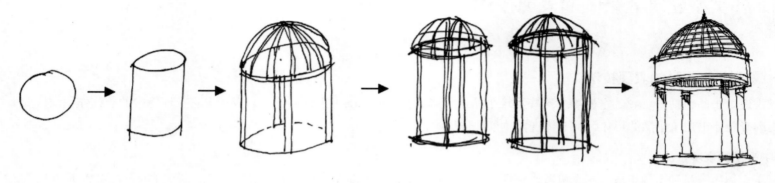

图5.12　圆亭的表现

图5.13　各式亭子的表现

下面以一个现代景观亭为例来讲解景观亭效果图的表现技法。

①主体抓形：亭子的构造通常较为简单，抓形时首先要清楚亭子的大致结构，再根据透视原理画出亭的外形，如图5.14所示。

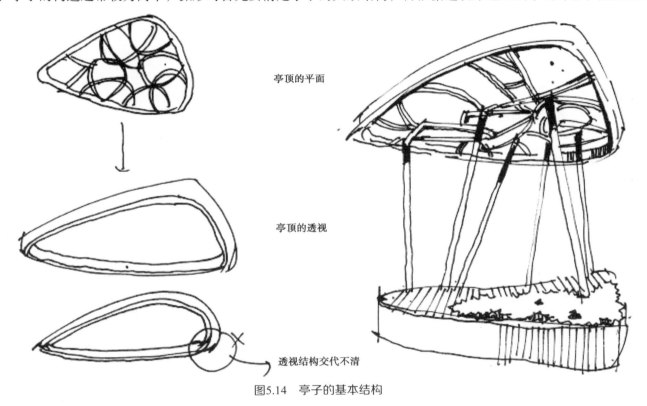

亭顶的平面

亭顶的透视

透视结构交代不清

图5.14　亭子的基本结构

注意事项如下：

a.亭顶的透视结构一定要交代清楚，要处理好一些关键节点的透视关系。

b.要把握好亭顶和底座的重心关系，先画好亭顶的轮廓，然后通过拉铅垂线的方式来确定底座的位置。

②构图：将亭子作为主景，根据平衡构图原理画出亭子的周边环境，要注意前景、中景、远景的搭配关系，如图5.15所示。

亭子为主景，要细致地勾画出其结构和造型

远景的高楼以虚化的线条勾勒轮廓，不要太多刻画细节，以免抢了亭子的主景地位

前景树的体量要与亭子形成合适的比例，可画得细致些；远景树应缩小，只表达轮廓

图5.15　加环境构图

③主景深化处理：通过细节刻画，突出亭子的主景地位，常用的深化处理方法有材质表现、阴影、主景和背景的虚实对比等，如图5.16所示。

画阴影，增强亭子的立体感

附材质，表达亭子的质感，突出亭子的主景地位

图5.16 主景深化处理

2）廊的表现

廊的效果图表现有两种视角：一种是从廊的外部看，可以展现廊的形体与环境的关系，如图5.17所示；另一种是从廊的内部看，可以表现廊的空间特征，如图5.18所示。廊的表现技法与亭子类似。

图5.17　廊的外部表现效果

图5.18　廊的内部表现效果

景观建筑小品效果图示例如图5.19所示。

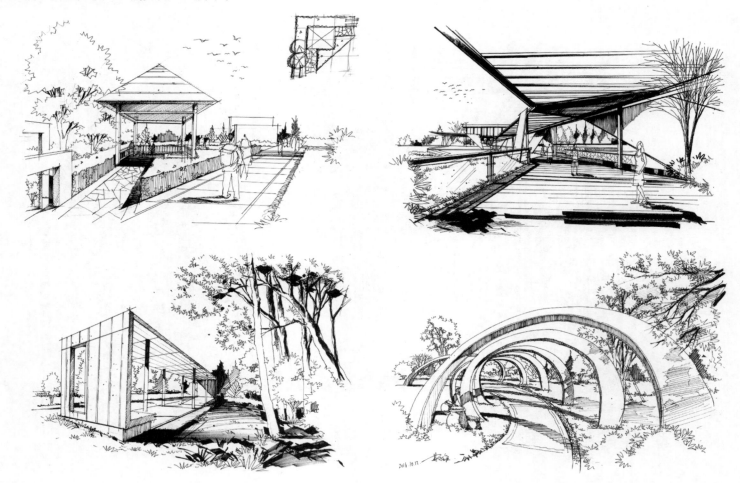

图5.19　景观建筑小品效果图

5.2.2 建筑单体的表现技法

1）简单的建筑单体

简单的建筑单体需要重点表现其体块的透视效果。根据所选视点位置的不同，可表现出建筑的一点透视或两点透视效果，如图5.20所示。通常，一点透视主要用于表现建筑的一个立面的效果，画法比较简单；两点透视可以表现建筑的两个立面，立体感更强。下面以该建筑单体的两点透视效果图为例来讲解具体的表现技法。

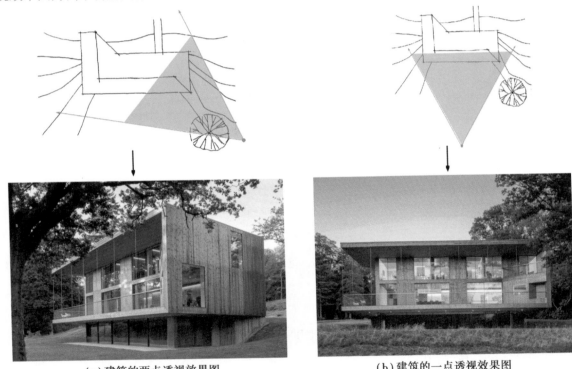

（a）建筑的两点透视效果图　　　　　　　（b）建筑的一点透视效果图

图5.20　两种视角的建筑透视效果图

第一步：构图，画底稿（图5.21）。

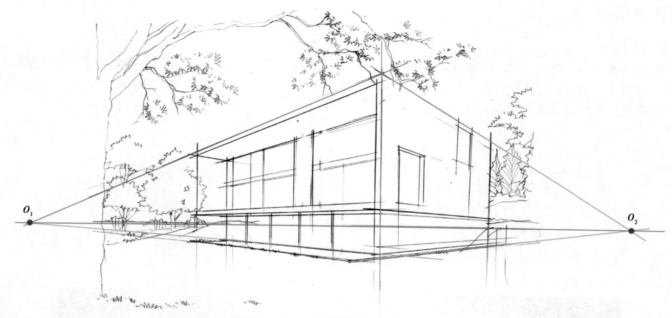

图5.21　简单建筑单体画法（1）

画面构图上，需要注意以下几点：

①建筑效果图的表现重点在建筑本身，而为体现空间层次感，通常需要表现前景、中景、远景三个层次。前景通常用树枝作框景，中景为主景建筑，远景常用树丛或起伏的山峦表现。

②建筑体宜居中，体量宜占图纸的1/3~1/2，这样更能突出建筑的主景地位。

③根据建筑的体块特征来确定视平线和灭点：一般视平线在画面中部偏下的位置，并且视平线应穿过建筑的一层中间；确定需要重点表达的建筑立面，再定建筑高度线，建筑高度线一般选择两个面的交接线，若要重点表现左边的立面，则高度线就往右靠一些；再根据建筑高度线确定两个灭点，灭点离高度线越远，则那一面的透视变形就越小，反之就越大。

第二步：勾线稿，表现透视细节（图5.22）。

在线条表达上，建筑体块要表现出坚实、稳定的效果，宜借助直尺拉直线。交接线应尽量搭接，并注意体块的透视表现应尽量准确，还需刻画部分窗户的透视细节。

此外，前景树的表现应更为细致，而远景树只画出轮廓即可，并且植物的用笔注意要与建筑用笔的坚实感进行区分，这样更能加大对比。

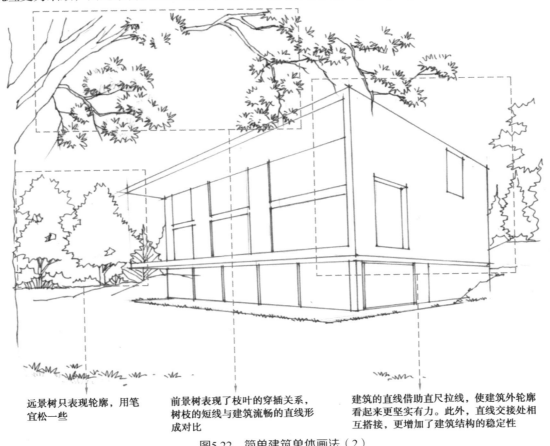

远景树只表现轮廓，用笔宜松一些

前景树表现了枝叶的穿插关系，树枝的短线与建筑流畅的直线形成对比

建筑的直线借助直尺拉线，使建筑外轮廓看起来更坚实有力。此外，直线交接处相互搭接，更增加了建筑结构的稳定性

图5.22 简单建筑单体画法（2）

第三步：确定明暗关系，表现建筑物的阴影，增强立体效果（图5.23）。

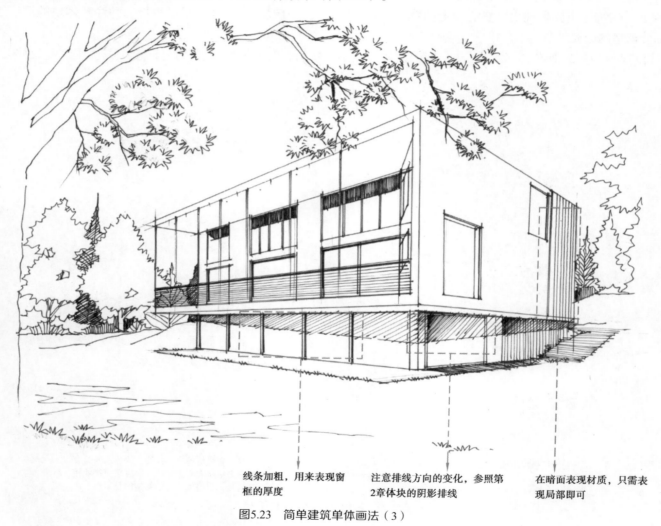

线条加粗，用来表现窗框的厚度

注意排线方向的变化，参照第2章体块的阴影排线

在暗面表现材质，只需表现局部即可

图5.23　简单建筑单体画法（3）

第四步：进一步表现建筑细节，并调整环境的明暗关系，以更好地表现空间进深感（图5.24）。

前景树表现明暗对比是为了突出树枝的立体感

远景树表现明暗一是为了加强空间景深感，二是为了突出建筑轮廓

前景树的地面投影可丰富地面效果

图5.24 简单建筑单体画法（4）

2）复杂形体的建筑表现

复杂形体的建筑单体除要表现建筑的透视效果外，还需表现其立面的装饰效果。此类建筑常用一点透视表现，重点表现一个立面的装饰效果。

第一步：概括建筑的形体特征，勾画轮廓，如图5.25所示。

带曲面的建筑看起来更加柔美，更宜徒手表现线条。无论是直线还是曲线，都不用过于在意其精准度，只需要从整体上把握形体的透视和各部分的比例关系即可。

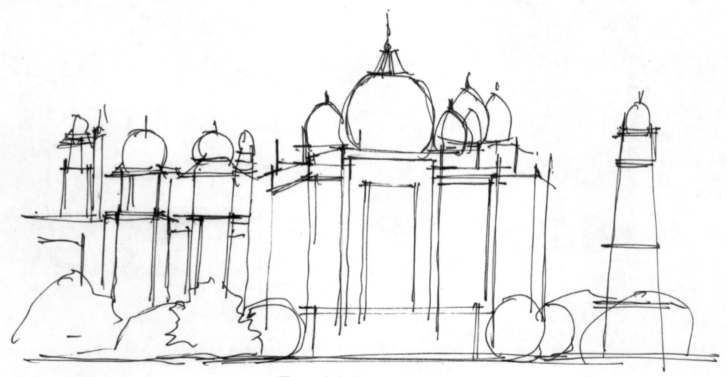

图5.25　复杂建筑单体画法（1）

第二步：进一步表现建筑立面的装饰细节，再按前景、中景、远景的关系刻画环境，表现景观层次，如图5.26所示。

表现细节时要分清主次，重点表现中间视觉焦点部分的建筑细节，而两边的建筑立面简单表现即可。

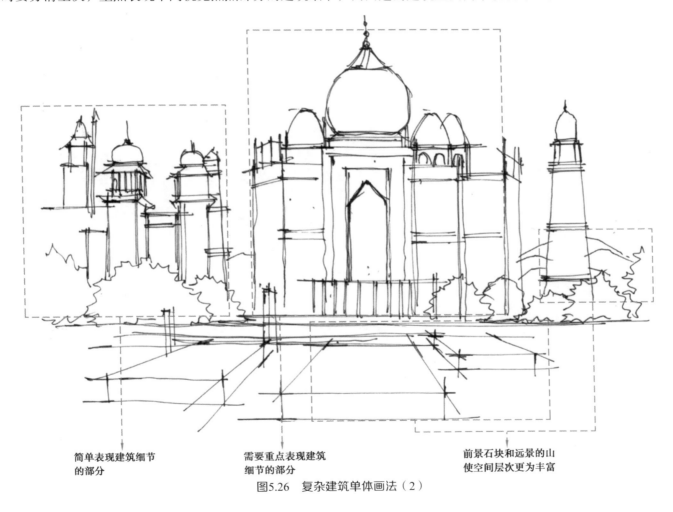

简单表现建筑细节
的部分

需要重点表现建筑
细节的部分

前景石块和远景的山
使空间层次更为丰富

图5.26 复杂建筑单体画法（2）

第三步：确定明暗关系，表现建筑物和周边环境的阴影，如图5.27所示。

复杂的建筑单体立面有更丰富的明暗关系的表现，在处理明暗调子的时候要注意面和面之间的区分。

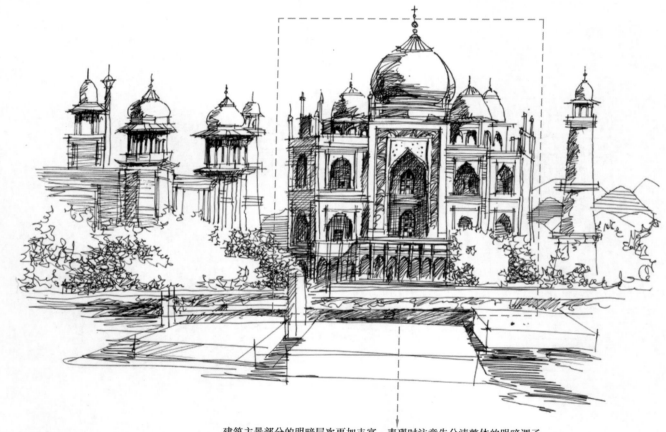

建筑主景部分的明暗层次更加丰富，表现时注意先分清整体的明暗调子
再表现细节，此外还需注意该建筑立面中凹凸感的表现技巧

图5.27　复杂建筑单体画法（3）

建筑单体效果图示例如图5.28—图5.31所示。

图5.28 建筑单体效果图（1）

图5.30　建筑单体效果图（3）

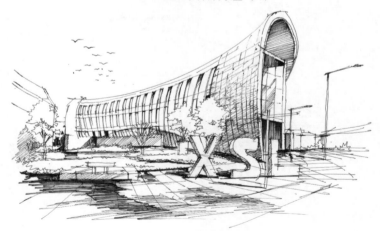

图5.29　建筑单体效果图（2）

图5.31　建筑单体效果图（4）

5.2.3 建筑群体的表现技法

1）现代建筑群体的表现技法

现代建筑群体的表现常用到鸟瞰透视，这样可以很清晰地表达建筑群体的空间关系，同时也能表现周边环境条件。在处理透视关系时，低矮的建筑一般做两点透视处理，即忽略高度方向的透视变形，仍然画铅垂线；高层建筑不能忽视高度方向的透视变形，所以应做三点透视处理，其高度方向的线消失于下方某一灭点。

下面简要介绍现代建筑群体的表现步骤和技法。

第一步：打底稿，先进行地面空间划分，再抬升高度，如图5.32所示。

绘制时注意以下几点：

①此图为三点透视，3个灭点都不在画面上。可按照透视原理，定出3个方向的透视夹角（如图中彩色标记线），再画建筑透视。

②由于是俯视效果，建筑的高度看着比正常的矮些。

③画图顺序为：先确定建筑的地面透视线，再由近及远抬升高度，最后再简单交代植物环境。

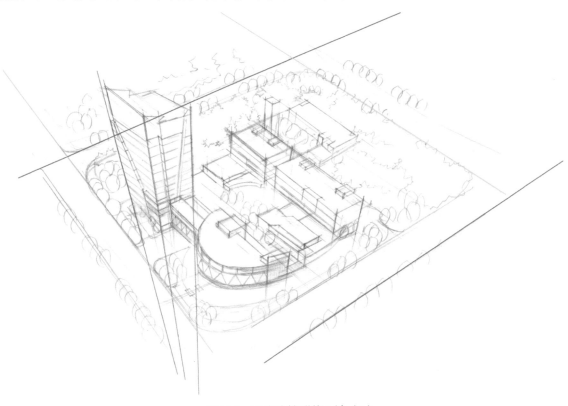

图5.32 现代建筑群体画法（1）

第二步：勾线稿，注意虚实对比，如图5.33所示。

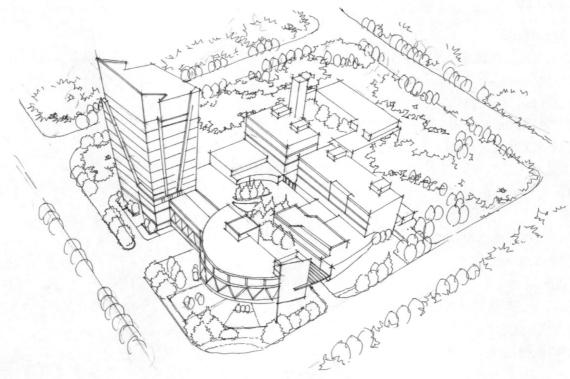

图5.33 现代建筑群体画法（2）

为突出建筑的主景地位，可将建筑的轮廓线画实一些，将道路和植物的轮廓线画虚一些。具体表现时，建筑线条宜硬朗而连贯，可借助直尺画直线；近处的建筑可适当表现立面装饰等细节；远处的建筑只交代轮廓即可。道路的直线相对柔美，可用抖线或断线表现。植物同样也要注意近实远虚的处理，靠近建筑的植物，特别是在建筑出入口位置的植物，可画得细致一些，远离建筑的植物可画得粗略一些。

第三步：打阴影，处理细节，如图5.34所示。

重点在于建筑物的光影处理，离视点越近的建筑越要重点处理。由于是俯视效果，所以建筑的上半部分比下半部分更近些，光影变化也更丰富些，植物的光影点缀一些即可。

图5.34 现代建筑群体画法（3）

2）古建街巷的表现技法

古建街巷的表现在设计效果图中的应用较少，而常见于写生作品，因此宜用快速表现的手法。

第一步：构图，用铅笔绘底稿，如图5.35所示。

古建筑群体跟方方正正的现代建筑不同，常常不能用一点透视或两点透视来定义，但同样都遵循"近大远小"的透视规律，构图时要保证建筑的主景地位。

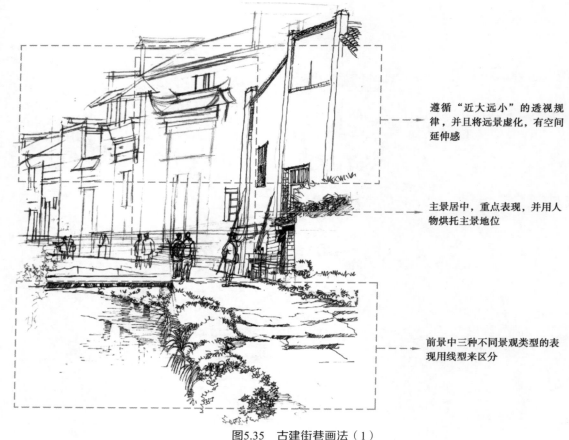

遵循"近大远小"的透视规律，并且将远景虚化，有空间延伸感

主景居中，重点表现，并用人物烘托主景地位

前景中三种不同景观类型的表现用线型来区分

图5.35 古建街巷画法（1）

第二步：定线稿，注意前后虚实对比，如图5.36所示。

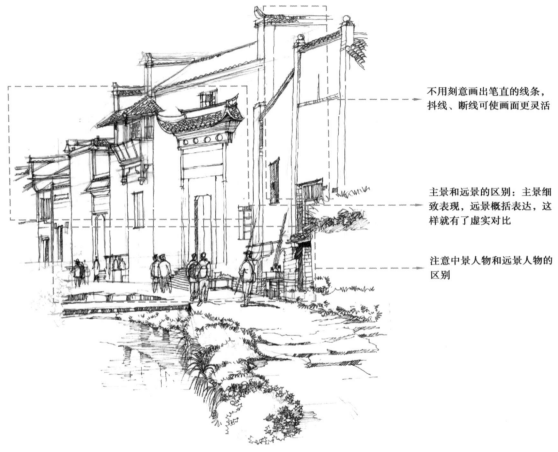

不用刻意画出笔直的线条，抖线、断线可使画面更灵活

主景和远景的区别：主景细致表现，远景概括表达，这样就有了虚实对比

注意中景人物和远景人物的区别

图5.36　古建街巷画法（2）

根据底稿画线稿，尽量用徒手线条表现。注意分清主次关系，主景的地方要表现得更加细致。

第三步：画细节，处理明暗变化，如图5.37所示。

中景的明暗关系更强，细节刻画也更细致；远景的明暗关系弱，不需太多的细节刻画

对前景的小溪、石板路、草丛驳岸应加强细节处理和明暗对比，使得3个空间的区分度更强，画面更丰富

图5.37 古建街巷画法（3）

建筑群体效果图示例如图5.38—图5.42所示。

图5.38　建筑群体效果图（1）

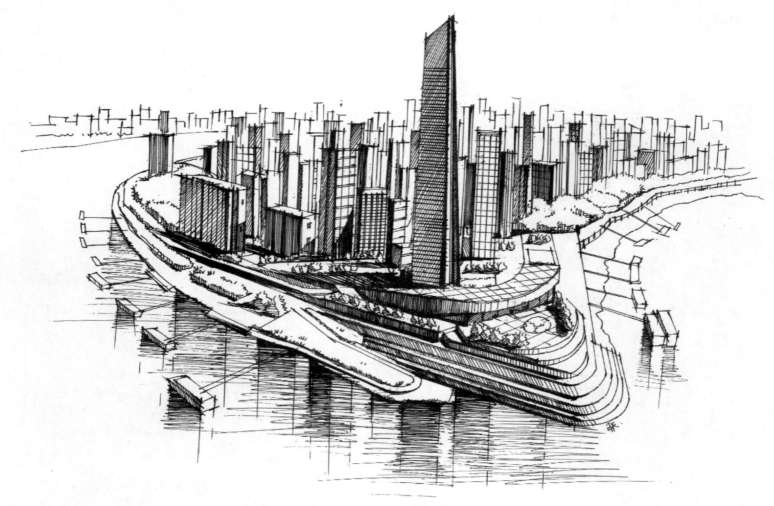

图5.39　建筑群体效果图（2）

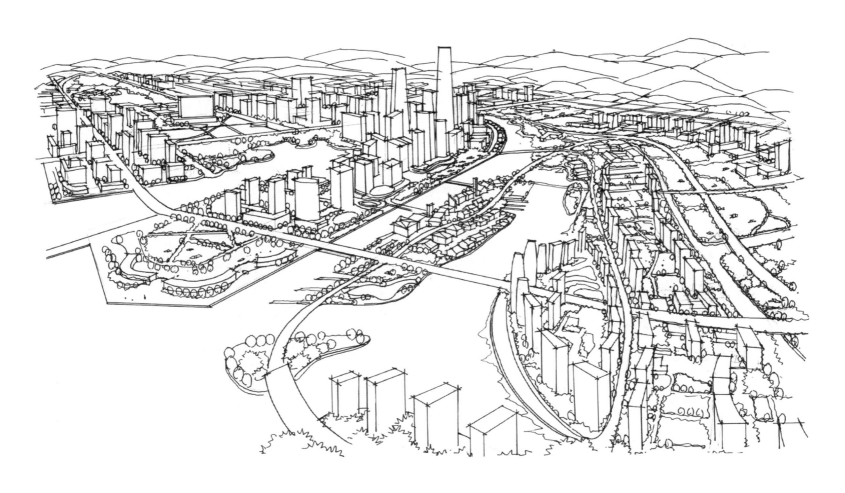

图5.40   建筑群体效果图（3）

图5.41 建筑群体效果图（4）

图5.42 建筑群体效果图（5）

课后练习

5.1 手绘稿临摹：从示例图片中选择两张不同类型的建筑效果图进行临摹。

5.2 照片临摹：根据老师提供的建筑照片进行手绘表现。

6

景观效果图的表现技法

6.1　景观效果图的构图技巧

　　景观效果图重点表现空间的透视，要通过不同的景观元素来表现出不同空间的特点。在构图上，除了要掌握上一章所讲的视点和视高的基本技巧外，还应注意空间景深的表现和轮廓透视线的表现。

6.1.1　景物层次关系的确定

　　丰富的景观层次可以更好地在图面中表现空间立体感。在景观空间布景时，通常需要有前景、中景、远景三个层次。前景主要起着限定空间的作用，中景通常布置主要的景观展示物或景观空间，远景对中景起到衬托作用或起空间延伸作用，如图6.1所示。

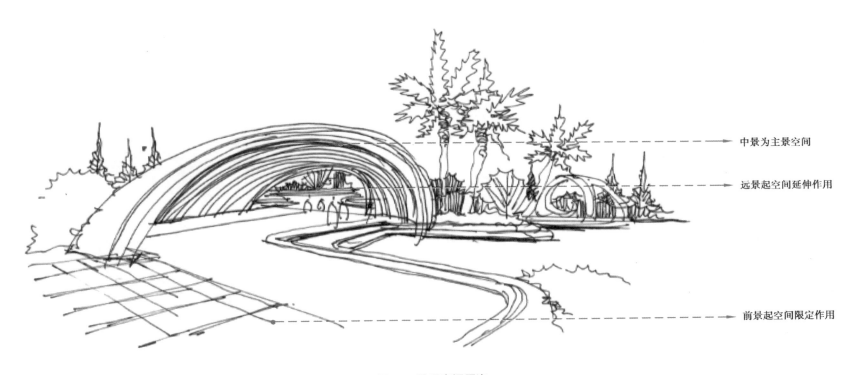

中景为主景空间

远景起空间延伸作用

前景起空间限定作用

图6.1　景观空间层次

　　从平面图转化为效果图时，需要特别注意前景、中景、远景三个空间层次的表现，要从平面图中找到一个合适的视点来将景观层次表现出来。如图6.2所示，该空间场景以跌水景墙为主景，布置在画面中央；前景为铺装路面，以前景草作为空间限定；背景树对主景起到烘托作用，使整个空间较为围合又不失层次。

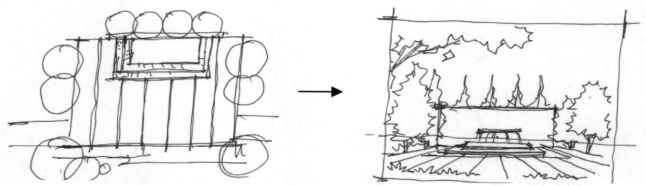

图6.2　主景突出的空间层次

如图6.3所示，该画面主要表现以亭子和树围合的场地空间效果，以前景树和草作为空间限定，以远景树作为空间延伸。

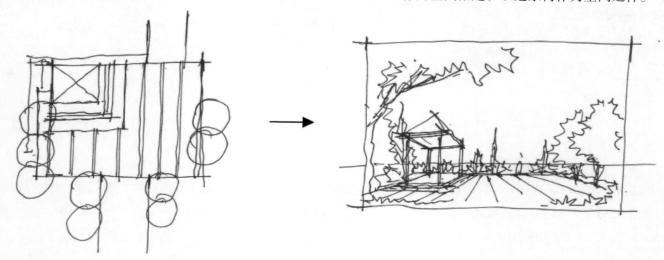

图6.3　强调空间围合的空间层次

图6.4为一点透视的转化，以汀步和植物作为前景空间限定；中景为水池、木平台、亭子和建筑组成的空间层次；远景以远山和鸟群作为空间延伸。这样表现的画面可使中景的景观空间更加完整，空间层次也更加丰富。

视点

图6.4　平面转化一点透视的空间层次

图6.5所示效果图为两点透视的转化，前景用植物进行围合；中景为跌水、水池、亭子、建筑和周边植物组成的空间层次；远景在平面图中没有体现，但以远景树和远山加以修饰。整个画面将该庭院空间的方正感和立体感都表现得很好。

图6.5　平面转化两点透视的空间层次

6.1.2 轮廓透景线的确定

在景观效果图表现中，确定好景观层次就可以着手布图了。此时需要注意两大构图原则，即图面框景原则和"三线"原则。

1）图面框景原则

图面布置时不应将画面布置得太满，通常需要将图纸四边各留出约1 cm的空白，这样可以更好地体现图底关系。

2）"三线"原则

所谓"三线"原则，就是控制画面轮廓的三类边线，即天际线、地面边线和两侧边界线。

（1）天际线

天际线的处理一般有3种类型："V"形、"L"形和"∠"形。

"V"形天际线一般用于一点透视的效果图，通常由树冠围合出一个天际空间，如图6.6所示。构图中要注意：两边树冠线不要完全对称，应呈一个不规则的"V"字形。

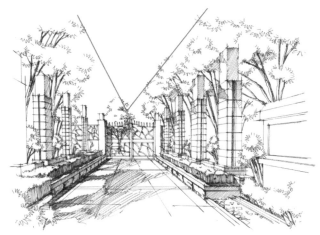

图6.6　"V"形天际线

　　"L"形天际线即一边比较高耸垂直，另一边比较平缓整齐的画面效果，通常用于建筑（构筑物）和树冠共同组成的天际空间，如图6.7所示。需要注意：当平缓的一边低于画面的2/3时，可添加鸟群以取得画面平衡。

图6.7　"L"形天际线

　　"∠"形天际线为逐渐下降趋势的效果，一般用于两点透视的景观效果图中。需要注意：当低的一边画面太空白时，可加鸟群以取得画面平衡，如图6.8所示。

图6.8　"∠"形天际线

（2）地面边线

前景的地面边线分硬景和软景两种情况，硬景的边线一般做横线处理，而软景的边线一般用不完全封闭的前景草做框景处理。

硬景的边线处理通常沿透视方向拉直线，如图6.9所示。需要注意边线的虚化处理，即边线可以是断线，也可以是隐形的线；另一方向的透视线在边线附近收尾，但不要过于整齐。

图6.9　硬景的地面边线

软景的边线处理一般以前景草作为框景，呈弧形或三角形，如图6.10所示。需要注意不宜画得过满，呈弧形的前景草中间宜断开，三角形的前景草只画一半。

（3）两侧边界线

两侧边界线的处理也要分硬景和软景两种情况。硬景一般为拉竖线的虚化处理，软景则以前景树作为框景。

图6.10　软景地面边线

硬景的边界处理与地面边线的处理类似，一般在纸面边缘拉铅垂线，有时也通过透视线的收尾来表现一条隐形的铅垂线，如图6.11所示。

两边都是软景的边界处理时，其中一边通常以带树干的前景树作框景，另一边的植物只画树冠轮廓，不表现树干，并且高度需比另一边低，如图6.12所示。

  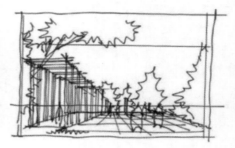 

图6.11　硬景的两侧边界　　　　　　　　　　　　　图6.12　软景的两侧边界

以前景树做边界处理时，需注意以下几个要点（图6.13）：

①在画面中只表现前景树的一半，树干高度为画面高度的1/2~2/3。

②树干距图纸边线2~3 cm，树冠不超过图纸宽度的3/4。

③当两边都以树木作为框景时，宜一高一低，并且高的树的树冠不超过画面的2/3。

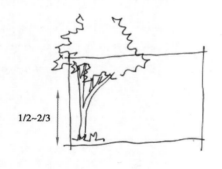 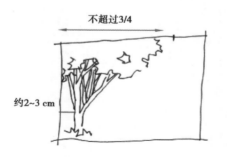 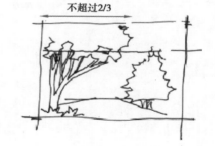

图6.13　前景树边界处理要点

6.2 一点透视景观效果图的表现技法

一点透视只有一个灭点且常在画面中，因此画法较为简单，是景观效果图表现中最常见的一种透视表现技法，特别是在对称景观和纵深感较强的景观中更为常用。

6.2.1 一点透视景观效果图表现步骤

下面以一个平面图转化一点透视景观效果图为例子来讲解相关表现技法。

第一步：确定视点，明确主景和各景物的层次关系，如图6.14所示。

首先要确定效果图需要表现的主要景观，然后再以前景、中景、远景的景物层次来确定合适的视点。这里选择水池和景墙作为主景观，因此将视点定在景墙和水池的正前方，在60°视域范围内为可见区域，可在平面图中标出（紫色区域）。由于垂直视角的关系，地面景物从蓝线标注区域开始画。因此，在纸面上需要表现的实际是加深紫色的区域。由此可以进行初步构图：前景为汀步；中景为水池和景墙组成的空间；远景为背景树。

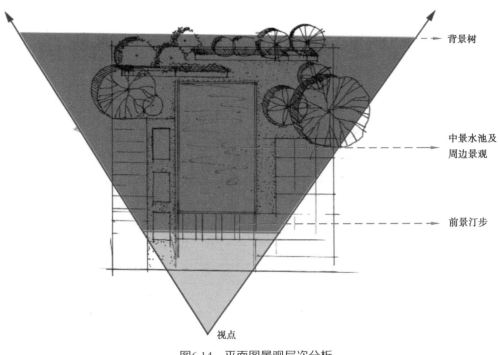

图6.14 平面图景观层次分析

第二步：构图，用铅笔打底稿，如图6.15所示。

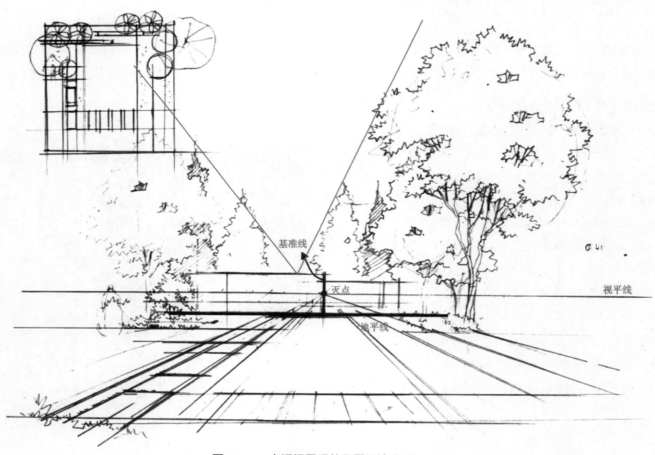

图6.15　一点透视景观效果图画法（1）

①先按照第5章所讲的构图内容确定空间透视结构。

a.确定视平线：以人为视高的视平线一般定在画面1/3~1/2的位置，即1.5~1.7 m的视高，注意视平线为水平线。

b.确定灭点：灭点在视平线上，其位置的确定参考第一步视点的位置。

c.确定基准线及地平线。基准线即高度方向的线，为铅垂线。我们这里选择景墙的一边为基准线，景墙高度一般为3 m左右。结合视平线的位置确定基准线，再根据基准线画出地平线，地平线也为水平线。

②再根据第一步中确定的表现区域（深紫色区域）进行地面划分。可将上图中的蓝色线看作图面上的地面边线，根据一点透视原理，平面图中蓝线划分的道路、水池、草坪的比例，在透视图面中也呈相应的比例关系。由此可以在图中确定水平方向上的地面各部分的位置关系，而在进深方向则根据"近大远小"的原理结合平面图进行划分。

③最后进行空间构图，需结合上部分的图面框景原则和"三线"原则。

a.确定景物高度：根据步骤c确定的基准线高度画出景墙的轮廓。由于是一点透视，图面中只能表现景墙的一个面，要注意前后两面景墙的高度变化；树木的高度要依据景墙的高度而定，同时还需要考虑下一步的"三线"原则。

b.轮廓透景线的确定：在此图中由中景的两棵大树高低控制，形成了"V"形天际线，前景草结合汀步形成地面边线，两侧边界线由地面铺装和中景树共同表现，以竖线控制。

第三步：定线稿，用勾线笔画出各景物的轮廓，如图6.16所示。

当我们没有把握时，几条重要的透视线可以用尺规作图。同时，要注意线条的虚实变化，中景的景物尽量画得细致一些，前景线条可做虚化处理，远景只表现轮廓。最后可根据场景特征和构图添加配景，本图中以人物烘托空间尺度和功能。

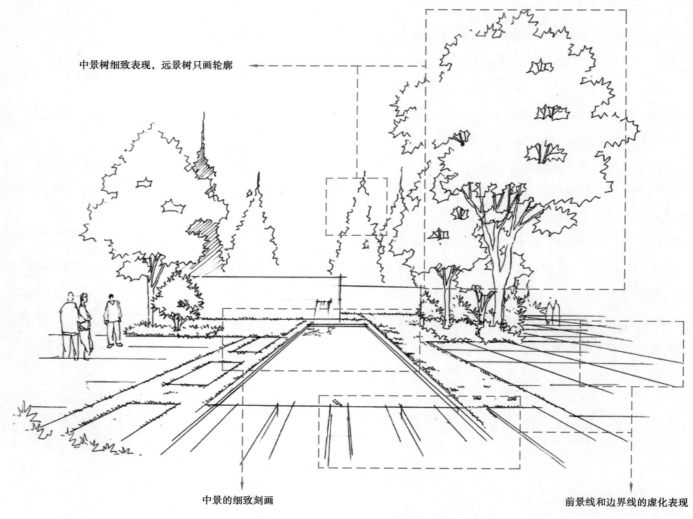

中景树细致表现，远景树只画轮廓

中景的细致刻画

前景线和边界线的虚化表现

图6.16　一点透视景观效果图画法（2）

第四步：效果图的深化处理，如图6.17所示。主要是对主景部分做深化，包括景墙的细节表现、水池倒影的表现、景物厚度的表现、光影的处理等。

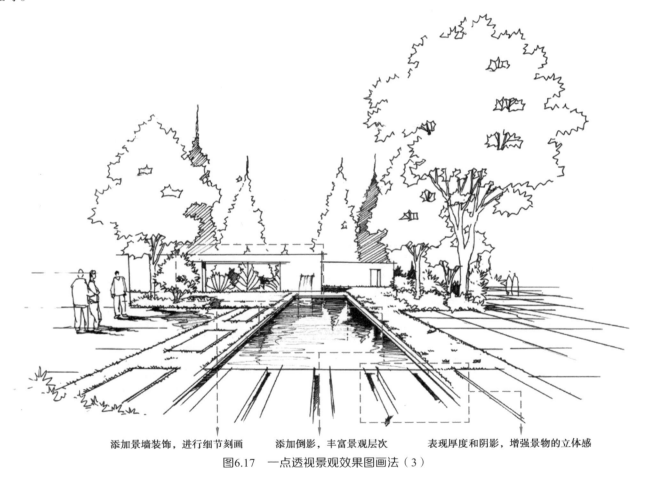

添加景墙装饰，进行细节刻画　　　添加倒影，丰富景观层次　　　表现厚度和阴影，增强景物的立体感

图6.17　一点透视景观效果图画法（3）

6.2.2 一点透视景观效果图示例

一点透视适合用于表现有较强景深的景观空间，例如带状水景（图6.18）、视野开阔的庭院（图6.19）、景观廊架（图6.20）等。

图6.18 一点透视景观效果图（1）

图6.19　一点透视景观效果图（2）

图6.20　一点透视景观效果图（3）

6.3 两点透视景观效果图的表现技法

两点透视也是景观中常用的透视表现之一，其表现的空间围合感强，画面更加灵活生动，但画法比一点透视更复杂些。

6.3.1 两点透视景观效果图表现步骤

下面同样以一个平面图转化两点透视景观效果图的例子来讲解相关表现技法。

第一步：确定视点，明确主景和各景物的空间层次关系，如图6.21所示。

该平面图有多个景观空间，效果图要表现的是平面图中最主要的景观空间。这里选择将中部空间的造型景墙和喷泉水景作为主景展示，视点定在廊架的位置。在平面图中标出60°的水平视域范围，再根据垂直方向的视域范围，大致标出地面起画线的位置（蓝线），这样就确定了画面中要表现的深紫色区域。最后进行初步构图：前景为铺装地面和右侧的大树；中景为喷泉水景和造型景墙；远景为远处景墙门和背景树。

图6.21 平面图景观层次分析

第二步：构图，用铅笔打底稿，如图6.22所示。

图6.22　两点透视景观效果图画法（1）

①首先确定空间透视结构。

a.确定视平线：与一点透视相同，选择正常人的视高，在画面1/3~1/2的位置画一条水平线，即确定了视平线。

b.确定灭点：两点透视的灭点有2个，根据所要表现的空间来确定灭点的位置。从平面图中可知，从视点位置看，横向的景观空间比纵向的景观空间更长，并且视点左边的景观更为丰富，我们偏向于看到更多的左边的景物。因此，我们将灭点O_1定得离画面近一些（O_1在画面中），而将灭点O_2定得远一些（O_2在画面外）。

c.确定基准线：同样选择主景墙的一边作为基准线，该景墙为分割空间的主景墙，高度约4.5 m。因此，按照1.5~1.7 m的视高，视平线分景墙基准线约为2：1。

②再根据第一步中确定的表现区域（深紫色区域）进行地面划分。

其方法基本同一点透视，将平面图中蓝色线看作图面上最前端地平线，将紫色的60°夹角线看作图面的两侧边界线，因此从右往左可依次将绿地、铺装、喷泉水池、景墙的边线划分出来（注意要找到对应的灭点进行连接）。

③最后进行空间构图。

a.确定各景物高度：以景墙的高度基准线为参照，按照透视原理确定其他景墙、树木、灌木、涌泉等景物的高度。每一个高度的确定都要考虑到物体本身的高度和"近大远小"的透视变形规律。

b.轮廓透景线的确定：地面边线以硬景做虚化处理，右侧边界线以前景树和前景灌木作为框景，左侧以虚化景墙进行边界处理，天空形成近似"V"形天际线，这样使得整个画面构图饱满，又体现了空间围合性。

第三步：定线稿，用勾线笔画出各景物的轮廓，如图6.23所示。

交代清楚景物的前后遮挡关系，这样有利于表现景深；同样应注意中景细致刻画，前景适当做虚化处理，远景只需表现轮廓。

图6.23　两点透视景观效果图画法（2）

第四步：效果图的深化处理，如图6.24所示。

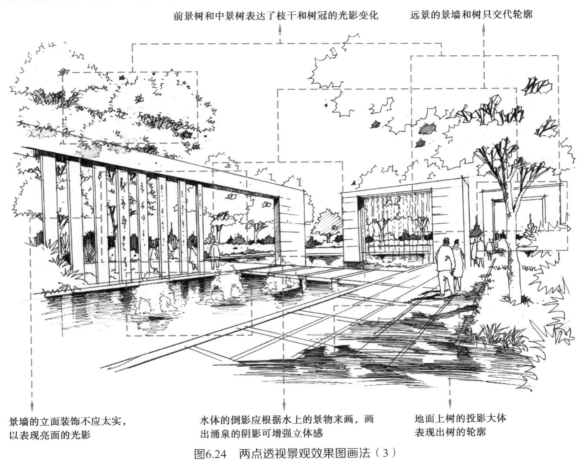

前景树和中景树表达了枝干和树冠的光影变化

远景的景墙和树只交代轮廓

景墙的立面装饰不应太实，
以表现亮面的光影

水体的倒影应根据水上的景物来画，画
出涌泉的阴影可增强立体感

地面上树的投影大体
表现出树的轮廓

图6.24　两点透视景观效果图画法（3）

　　重点刻画中景景墙的阴影关系及装饰、静水和动水的表现、地面的材质及光影、前景树和中景树的光影变化等，远景只交代轮廓。还可通过表现阴影排线来强调前后空间明暗对比，从而加深空间延伸感。

6.3.2 两点透视景观效果图示例

两点透视适于表现围合性较强的景观空间。例如，图6.25展示的是由跌水与树池围合的景观效果，图6.26展示的是由景墙围合的空间效果。

图6.25 两点透视景观效果图（1）

图6.26 两点透视景观效果图（2）

6.4　鸟瞰图的表现技法

鸟瞰图也常用于景观效果图的表现中，但与前面所讲的一点透视和两点透视效果图的表现技法有较大不同。由于视点较高、离场地较远，所以鸟瞰图能更加全面地展示场地的空间关系，通常用于表现场地的整体效果。

6.4.1　鸟瞰图的构图技巧

根据平面图绘制鸟瞰图，在构图时主要从三个方面着手：视点的方位、看的角度和地面的关系、透视类型的选择。

1）视点的方位

视点位置的选择要从平面图入手，通常遵循三个原则：

①从低到高：即在视点位置选择时，尽量让低的物体在前，高的物体在后，场地中各空间表现尽量完整，不受遮挡。例如，图6.27中，1—4四个体块高度依次增高，视点选在西南角，这样场地中受遮挡的空间更小，场地表现更为完整。

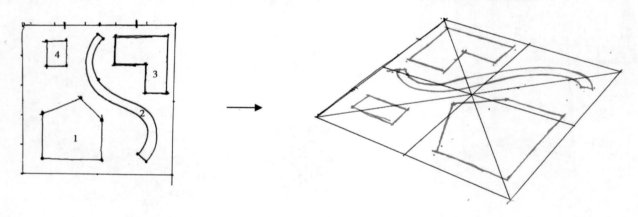

图6.27　从低到高的方位

②从主到次：鸟瞰图同样有"近大远小"的透视变形，画图时为了更好地表现重要的景观节点，在选择视点方位时可尽量将主要的景观节点布置在前，将次要的景观节点布置在后。例如，图6.28中主要的景观节点为滨水广场，因此将视点选在西北方向。

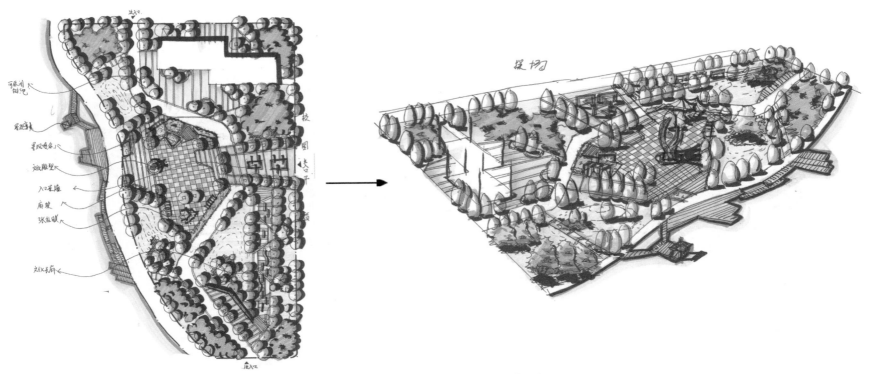

图6.28　从主到次的方位（邢秉琳供图）

③顺应图纸方向：鸟瞰图一般在快题设计中表现较多，在图面布置时，鸟瞰图所选择的视点方向应尽量与平面图相一致，以便于观看。

平面图的布置通常是北朝上，因此图6.29的视点选在顺应平面图的方向，方便绘图和观看。

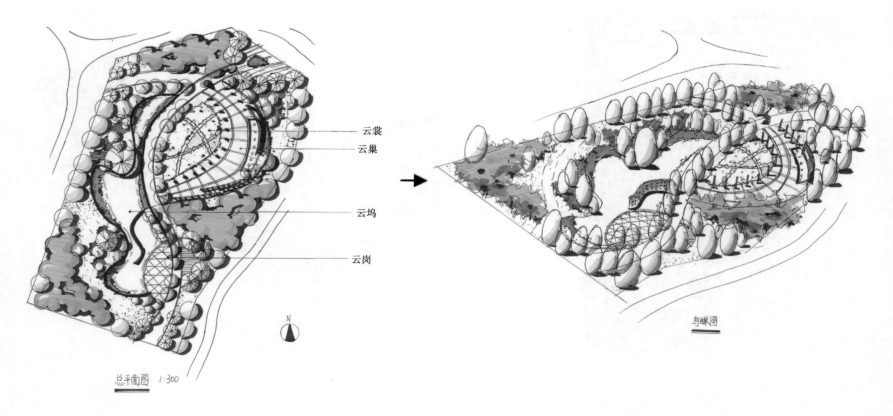

图6.29　顺应图纸方向的方位（张曦供图）

2）看的角度和地面的关系

鸟瞰图是一个斜俯视的角度，因此观看角度的选择对空间场地的表现也有较大的影响。

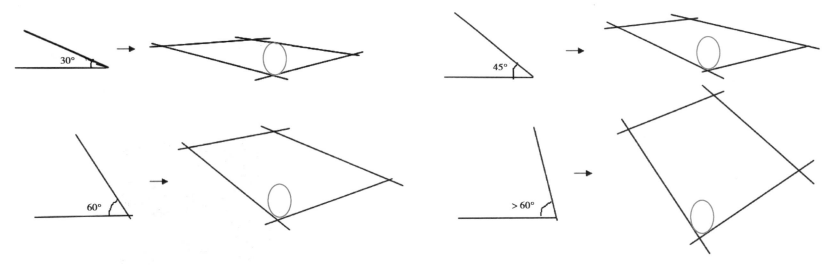

图6.30 不同角度的鸟瞰空间示意图

由图6.30可以看出：同样的物体，若观看的视线与地面的夹角越小，则该物体遮挡的场地的面积就越大；但夹角太大，又会降低空间立体感。因此，通常选择视线与地面夹角呈60°左右较为合适。

3）透视类型的选择

前面第3章讲到，景观鸟瞰图相当于视平线抬高的一点透视或两点透视，而具体透视类型的选择要根据场地特征而定。一般情况下，选两点透视较多，因为在相同高度、相同视线夹角下，两点透视受物体的遮挡影响比一点透视小。当场地为明显带状形态时，可选择一点透视。

由图6.31可以看出，相同情况下两点透视表现的场地比一点透视更加立体，并且两点透视中前面物体对场地的遮挡比一点透视的小。

6.4.2 景观鸟瞰图的绘制步骤

第一步：在平面图中创建"米"字格，如图6.32所示。

创建"米"字格的目的是将平面图中的各元素在透视场景中更准确地进行定位。若场地为方正的矩形，则直接画"米"字格；若场地不为矩形，可根据场地特点先创建一个适宜大小的矩形，再在矩形框内创建"米"字格。

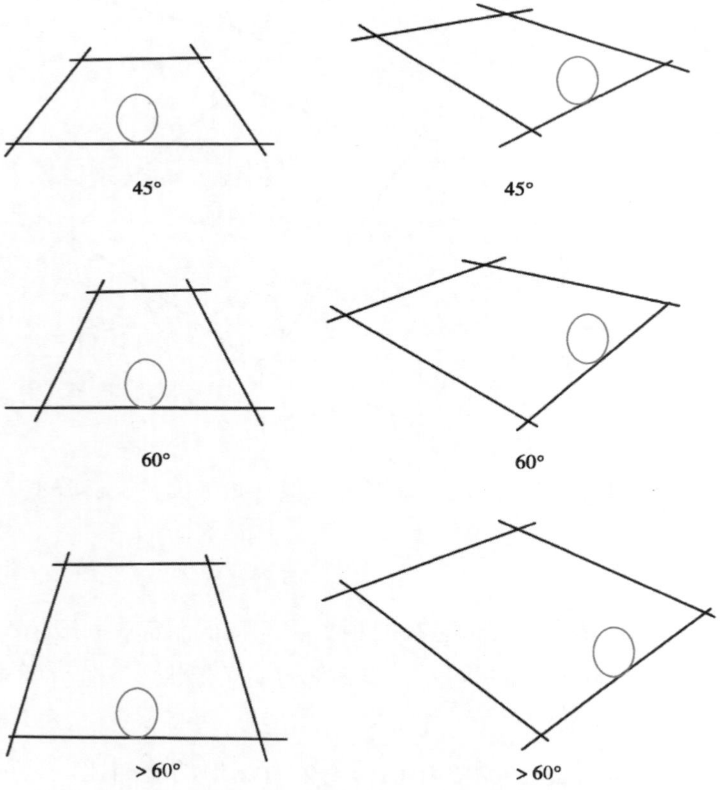

45°

45°

60°

60°

> 60°

> 60°

图6.31 不同透视类型的鸟瞰空间示意图

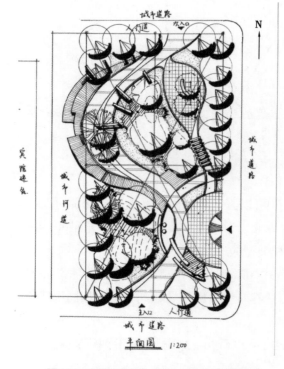

图6.32 平面"米"字格（喻文聪供图）

第二步：选择合适的视点位置，创建透视平面，如图6.33所示。

①根据平面图选择合适的视点位置：该平面图西北方向和东南方向场地较开阔，根据从低到高的原则，优先选择这两个方向作为观看视点；又根据从主到次和顺应图纸方向的原则，最终选择的视点位置为东南方向。

②确定透视类型：该场地不是典型的长带状空间，因此选择用两点透视来表现。

③创建透视平面：根据场地特点定长短边，先画出矩形轮廓的透视，再画对角线找到中点，然后根据透视原理画两条中线的透视。需要注意，在景观鸟瞰图表现中一般不会画出视平线和灭点，而是根据"近大远小"的透视原理去创建透视平面。

第三步：进行硬景的平面定位，如图6.34所示。

根据"米"字格划分的8个区域来定位场地空间，先确定节点空间关系、道路、构筑物等硬质景观。曲线的透视线可通过定位几个点来进行连接。

第四步：确定植物的空间大小和位置，进行软景的空间定位，如图6.35所示。

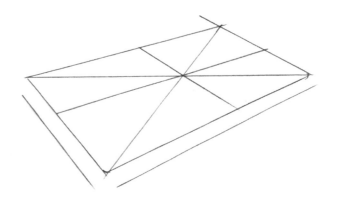

图6.33 景观鸟瞰图画法（1）

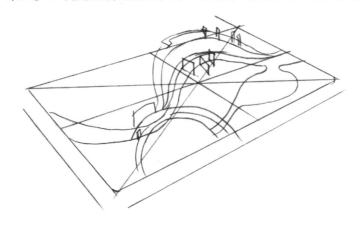

图6.34 景观鸟瞰图画法（2）

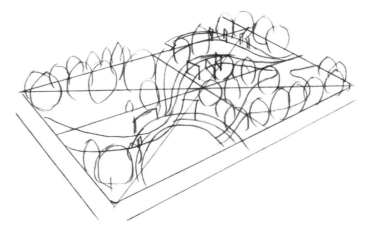

图6.35 景观鸟瞰图画法（3）

第五步：定稿及图面的深化处理，如图6.36所示。

该场地不大，故可以简单表现铺装路面的材质、前景植物的轮廓特点等。此外，还应适当表现空间阴影关系，以突出场地的立体感。

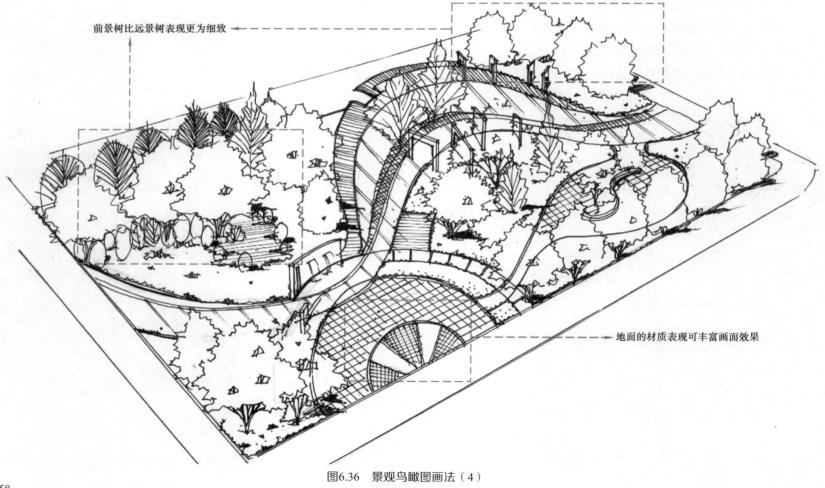

前景树比远景树表现更为细致 ←

→ 地面的材质表现可丰富画面效果

图6.36　景观鸟瞰图画法（4）

6.4.3 景观鸟瞰图示例

　　景观鸟瞰图的表现要以平面图作参照，图6.37—图6.40为学生在快题表现中的优秀示例。

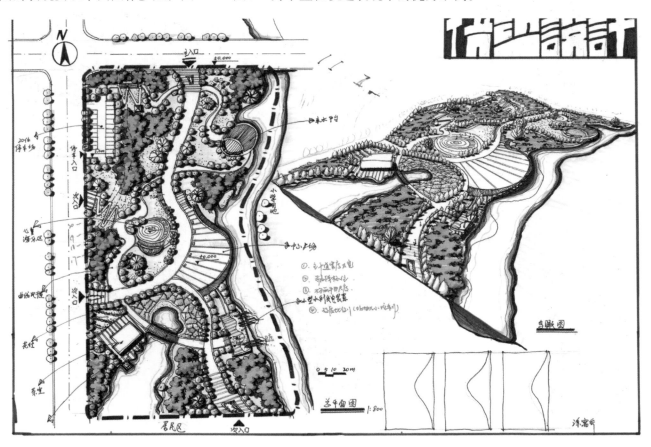

图6.37　景观鸟瞰图（1）（涂寓乔供图）

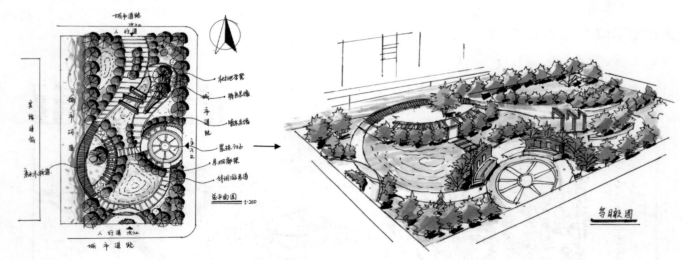

图6.38　景观鸟瞰图（2）（张苗供图）

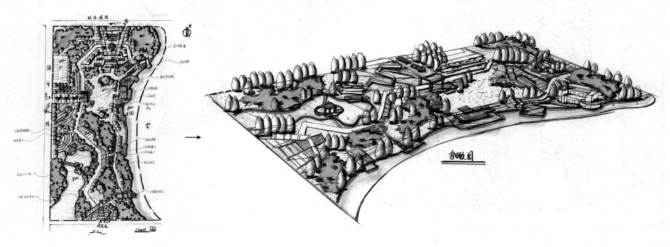

图6.39　景观鸟瞰图（3）（邢秉琳供图）

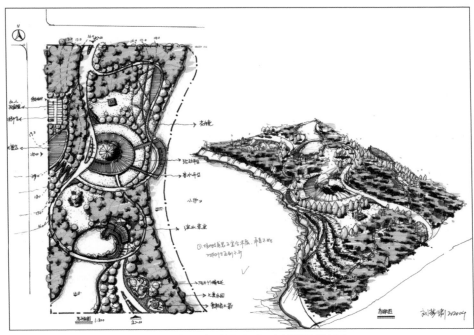

图6.40 景观鸟瞰图（4）（刘梦啸供图）

课后练习

6.1 在本章示例中各选一张一点透视、两点透视和鸟瞰透视效果图进行临摹。

6.2 在老师提供的平面图中，自选一个景观节点进行效果图表现。

6.3 根据老师提供的景观平面图进行鸟瞰效果图表现。

7

马克笔上色技法

马克笔用笔及配色技法

7.1.1　马克笔的用笔技法

　　在设计手绘表现中，马克笔是最常用的色彩表现工具。用马克笔画出的线条边缘清晰工整，有很强的笔触感（我们常常用不同的笔触来表现物体不同的质感）。此外，马克笔的着色也会随着运笔速度的快慢产生颜色的深浅变化。因此，在学习用马克笔上色之前一定要对这种工具的用法和特性有足够的了解。

1）马克笔的笔触特点

初学者的练习用马克笔一般为双头，一头粗、一头细，多用粗头上色。该头有多个切面，可随着笔头的转动画出不同宽度的笔触，如图7.1所示。

2）马克笔的运笔方法

不同的运笔方法可产生不同的笔触，从而表现出物体的不同质感，下面介绍几种常用的马克笔运笔方法。

（1）点笔

点笔笔触通常可以起到活跃画面的作用。利用笔头的多个切面在画面上打点，才能画出灵活多变的具有马克笔特点的点笔笔触。切忌在画面中表现完全一样的、均匀的点。如图7.2所示为植物表现中的点笔笔触，在每一次平移笔触收尾时随带点笔，可活跃画面。

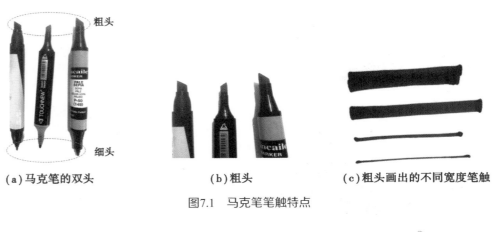

（a）马克笔的双头   （b）粗头   （c）粗头画出的不同宽度笔触

图7.1 马克笔笔触特点

侧笔   中笔

45°+中笔   多方向+侧笔+中笔

图7.2 点笔笔触

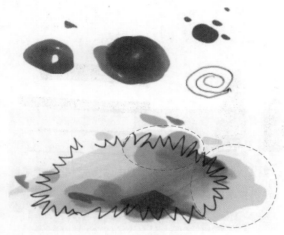

图7.3　揉笔笔触

（2）揉笔

揉笔即是用笔头在画面上打圈的方法，这种运笔方法通常用在边界的处理上。这是一种弱化笔触的运笔，特别在植物的上色中应用较多，可以柔化马克笔边缘的棱角，使色彩过渡更加自然。如图7.3所示，植物表现中添加揉笔笔触可柔化棱角，使团块关系更强。

（3）排笔

排笔是马克笔最基本的运笔方法，即是在画面上规整的排线，表现出明显的笔触感。马克笔的排线和绘图笔画直线类似，都是要用手臂带动运笔才能画出平直的直线。运笔应一气呵成，并做到受力均匀、快速肯定，避免出现蛇形线和不整齐线。排笔的运笔技巧如图7.4所示。

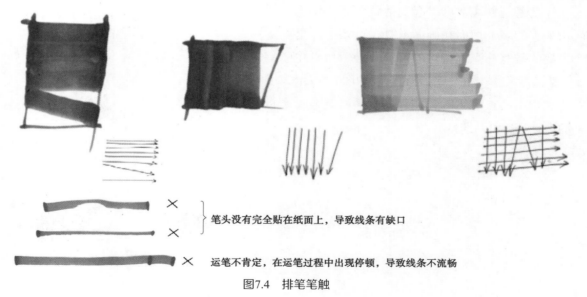

笔头没有完全贴在纸面上，导致线条有缺口

运笔不肯定，在运笔过程中出现停顿，导致线条不流畅

图7.4　排笔笔触

（4）扫笔

扫笔的方法是有起笔无收笔，运笔很快，并在运笔中有提笔的动作。这样画出的线尾部是虚化的，可形成颜色渐变的效果。扫笔笔触常用于水体的表现，也可用于其他过渡色的处理。如图7.5所示，水景表现应用扫笔笔触，使光影变化更自然。

图7.5 扫笔笔触

（5）摆笔

摆笔是呈"Z"字形排线，中间没有停顿。这样的运笔方法会呈现出一个一个的小团块，而没有太明显的线条形笔触。该笔触常用于植物树丛的上色、物体的倒影、天空等，常用的有扇形摆笔、水平摆笔和平移。注意：在运笔时排线要紧密相连，边缘应尽量整齐（图7.6）。

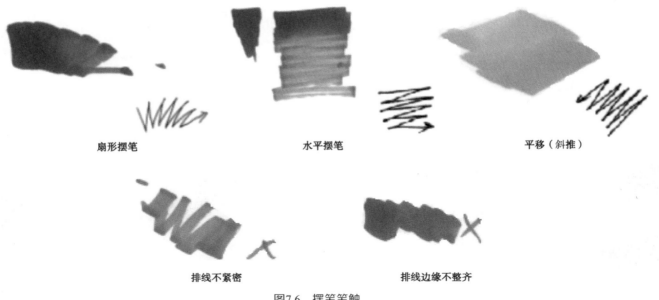

扇形摆笔   水平摆笔   平移（斜推）

排线不紧密   排线边缘不整齐

图7.6 摆笔笔触

3）马克笔的颜色叠加特点

马克笔是一笔一色，不能像水彩那样可以调色，但马克笔的颜色透性较好，同一颜色、同色系颜色和不同色系颜色都可在一定程度上叠加，因此可表现很丰富的颜色层次。总体而言，马克笔的颜色叠加有以下三个特点：

①同一支笔可用运笔速度的快慢来表现颜色的深浅变化，运笔速度越快，则颜色越浅、越透，如图7.7（a）所示。也可以用重复叠加来加深颜色，直至颜色达到饱和，如图7.7（b）所示。一般这种颜色的叠加相对比较柔和，不会有明显的对比。

②若要表现更明显的颜色变化，需用同色系的颜色叠加。一般是先铺浅色，再用深色叠加、画出笔触感，这样会形成更为丰富的颜色层次，如图7.8所示。

③不同色系的颜色叠加可让两个颜色有一定的融合，因此需特别注意颜色的纯度。一般叠加的颜色不宜多，2~3种即可，不然会造成颜色很脏的效果。此外，两种颜色叠加，如果要表现较强的对比效果，则可先画浅色再画深色；如果要表现较柔和的对比效果，则可先画深色再画浅色，如图7.9所示。

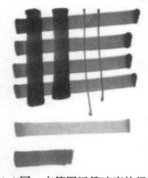
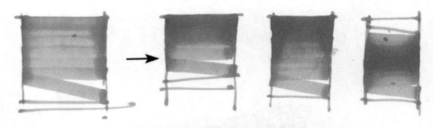

（a）同一支笔因运笔速度快慢而表现出的颜色深浅变化　　　**（b）通过笔触的重复叠加来表现颜色的深浅变化**

图7.7　同一支笔表现颜色深浅

不同色系的马克笔颜色叠加可有一定融合的效果

先画较浅的蓝色，再在上面叠加深红色，由于深色遮盖了浅色，使对比更强

先画深红色，再画较浅的蓝色，由于浅色不能完全遮盖深色，两种颜色有融合的效果，使对比变弱

图7.8　同色系的颜色叠加　　　　　　　　　　图7.9　不同色系的颜色叠加

7.1.2 马克笔的配色技法

马克笔具有颜色固定的特点，每一支马克笔都代表着一种颜色，因此市面上马克笔的颜色型号特别多，对于初学者而言，选色和配色就成了一大难题。要解决好这一问题，我们需要对色彩的属性、色调等知识有一定了解。

1）色彩的三大属性

（1）色相

色相即色彩的相貌，它是由光波波长的长短产生的，是色彩的首要特征，如我们日常所说的"红橙黄绿蓝紫"等颜色。黑白没有色相属性。

色相由原色、间色和复色所构成。在绘画色彩中，红、黄、蓝为原色，是其他颜色调配不出来的颜色；橙、绿、紫为间色，是用三原色两两调配出来的颜色；在这六种基本色相中再加中间色，得到橙红、橙黄、黄绿、蓝绿、蓝紫、紫红六种颜色，称为复色，以上这12种颜色就构成了基本色相环。色相环中，角度距离越远的两种颜色对比越强，例如红色和紫红色为相似色、红色和紫色为邻近色、红色和蓝色为对比色、红色和绿色为互补色，如图7.10所示。选择不同的色相对比，对我们画面的整体效果有很大影响。

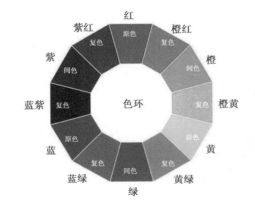

相似色

邻近色

对比色

互补色

图7.10　色相构成（图片来源于网络）

（2）明度

明度即色彩的明暗程度，它是由于光源强度的不同或者物体表面反射系数的不同而感受到的颜色上的明暗变化（图7.11）。在无彩色系中，明度最高的是白色，明度最低的是黑色；在有彩色系中，明度最亮的是黄色，最暗的是紫色；同一色相在强光下显得越明亮，在弱光下显得越黑暗模糊。明度最适合用于表现物体的立体感和空间感。

（a）无彩色的明度对比

（b）不同色相的明度对比

（c）同一色相的明度对比

图7.11　色彩的明度

（3）纯度

图7.12　色彩的纯度

纯度是指色彩的鲜艳程度，也称饱和度（图7.12）。饱和度表示色相中彩色成分所占的比例，当某种颜色中混入了与其自身明度相似的中性灰时，它的明度没有改变，纯度则降低了。色彩的纯度越高，色相越明确，反之色相越弱。在画面中，颜色纯度越高，则表现的物体越突出。因此我们在配色时，通常将主体物的色彩选择为纯度较高的，将配景或远景的色彩选为纯度较低的。

2）画面的色调

色调是一幅画面中色彩的总体效果和倾向。一幅作品中虽然用了很多种颜色，但总体有一种倾向，如偏黄、偏暗、偏灰、偏暖，这些颜色上的倾向就是一副绘画的色调。我们通常可以从色相、明度、纯度和色彩的冷暖四个方面来定义一幅作品的色调。

从色彩的三要素出发，在进行配色时，无论多少个颜色相配，我们只要控制这些颜色的其中一个要素大体统一，而给予另两个要素更加丰富的变化，就能赋予一个画面的主色调。

下面以图7.13—图7.15为例，简要分析几个配色实例。

图7.13这幅作品以蓝色为主色调，局部点缀其他颜色，色彩较为简单，主要通过明度、纯度不同的蓝色来表现空间的光影感和层次感，使得画面整体很协调。

图7.13 配色实例（1）

　　图7.14这幅作品的主景建筑为黑瓦白墙，画面整体是偏亮的色调。在配色时，通过降低配景色彩的纯度来突出主景，同时又在建筑周边少量点缀高对比度色彩来提亮画面效果，使得画面的色彩更加丰富。

图7.14　配色实例（2）

图7.15这幅作品的整体色调偏灰，色彩的纯度都较低，这样的处理主要是为了突出建筑立面复杂的线条。在相同色彩纯度的水平下，用低对比度的色彩和明度来表现出建筑和空间的立体感。

图7.15 配色实例（3）

此外，在色彩搭配上还有冷暖色调的搭配。色彩的冷暖其实是色彩给予人的一种心理反映。当我们看到红色、橙色、黄色等颜色时，会与太阳、火焰、收获等联系起来，获得一种温暖的感觉，因此我们将这些颜色的色调定义为暖色调。而蓝色、蓝绿色、蓝紫色等颜色时常会与蓝天、碧水、森林等事物相联系，给人平静、清凉之感，因此我们将这些颜色的色调称为冷色调。另外还有绿色、紫色等中间色调。不过，色调的冷暖也是相对的概念，例如黄色为暖色调，但它相对红色就是冷的。

在给效果图配色时，控制冷暖色调的比例会给画面带来极不一样的效果。下面给出几个配色实例分析，如图7.16—图7.18所示。

图7.16这幅作品中的水体、蓝天和远山都用了偏冷的蓝色，而建筑部分主要以暖灰为主，再点缀饱和度不高的黄色、紫色、绿色等中间色调，使整个画面冷暖比例协调、重点突出，画面立体感强。

图7.16　冷暖搭配配色

　　图7.17这幅作品表现的是黄昏时候的场景，整体色调为暖色调。作者在受光面大量运用了黄色系和红色系，而背光面主要以冷灰色和蓝绿色等冷色调为主，主要表现画面的立体感。冷色调面积只占画面的30%左右，不会影响画面的整体色调效果。

图7.17　暖色调配色（张鑫磊供图）

图7.18这幅作品欲表现出庄严肃穆的感觉,因此整体以冷色调为主。建筑主体大量应用蓝紫色和冷灰色,而在装饰纹样和配景人物上点缀红色和黄色,使画面更为透亮、颜色更加丰富。

冷暖色调在空间层次上也会给人带来不一样的感觉,通常暖色调会给人前进之感,冷色调会给人后退之感,因此我们通常在主景处理上颜色会用得偏暖一些,而远景颜色偏冷一些。

图7.18 冷色调配色（郭凯文供图）

图7.19这幅作品虽然整体以冷色调的灰色系表现，但所用的灰色也有冷暖的变化。前方重点表现的建筑用了暖灰，使主体更有前进感；远处的建筑用冷灰色，更有后退感，这样使得画面层次更加丰富。

图7.19　冷暖色调的距离感

一幅画面通常是冷暖色的结合，其中主色调所占的面积较大，可占整个画面的60%左右，对应的色调占画面的30%左右，另外还有10%的中间色调进行调和。图7.20就分别是冷色调的色彩搭配和暖色调的色彩搭配。

冷色调　　　　　　　　　　　　　　　　　　　　　　　　　　　　　　　　　　　暖色调

图7.20　冷暖色调的配比

3）马克笔的选色建议

马克笔的颜色是固定的，不能进行调和。面对众多的马克笔颜色型号，选色就成了初学者的一大难题。为了选色方便，每一支马克笔都有一个编号，但不同品牌的马克笔编号系统是不一样的，不同品牌的色彩也有一定差异，因此不能拘泥于通过编号来进行马克笔的选色与配色，而可以通过马克笔的配色技法来指导选色。

马克笔的色彩也具有色相、明度和纯度三个属性，马克笔的基本颜色也无外乎"红、橙、黄、绿、蓝、紫"以及"黑、白"，其他的颜色都是在此基础上的复色以及在明度、纯度上的不同变化。不管景观选色还是建筑选色，我们都应遵循以下几点原则：

①每一种基本色相的马克笔都应该配至少3个明暗、深浅不同的色号，明度和纯度宜适当拉开，用来画亮部、灰部和暗部。

②所选颜色的纯度不宜太高，这样在色彩搭配时更容易把握。

③如果是以画景观为主，则可选择多一些的绿色，包括偏冷的绿色和偏暖的绿色；若以画建筑为主，则可选择多一些的灰色，包括冷灰和暖灰。

如图7.21所示是建筑及景观手绘中常用的马克笔色彩，初学者可参照其进行选色。但手绘图的色彩是最能体现作品风格的因素，因此建议练习纯熟后不要受某些固定的颜色搭配的影响，可以自己根据前面所讲的配色技巧进行选色，形成自己的风格。

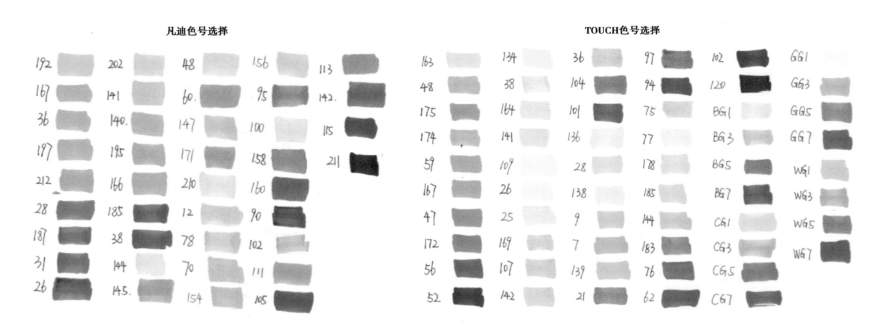

图7.21　建筑及景观手绘常用的马克笔色号选择

7.2　景观单体的马克笔表现

7.2.1　体块的马克笔表现

　　体块上色通常用排笔运笔，用颜色的深浅和较强的笔触感表现体块的光影变化。上色方法分两步：第一步根据物体的固有色用浅色平铺一层底色；第二步用同色系的暗色压转折面，这一步需表现出笔触感，运笔方向一般是沿着透视方向。基本的上色步骤如图7.22所示。

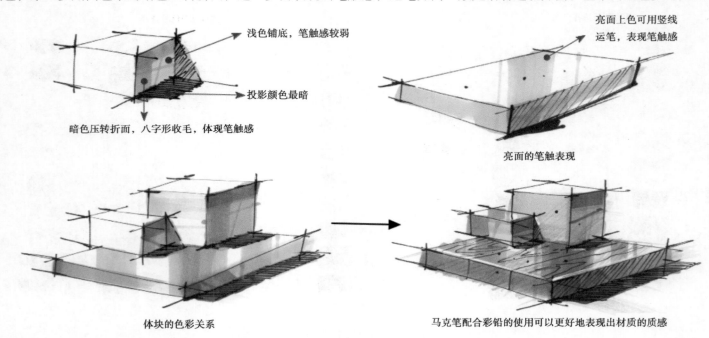

浅色铺底，笔触感较弱

投影颜色最暗

暗色压转折面，八字形收毛，体现笔触感

亮面上色可用竖线运笔，表现笔触感

亮面的笔触表现

体块的色彩关系

马克笔配合彩铅的使用可以更好地表现出材质的质感

图7.22　基本的上色步骤

体块的马克笔上色技法也适用于建筑、景墙、石头等硬质景观的马克笔表现，如图7.23所示。

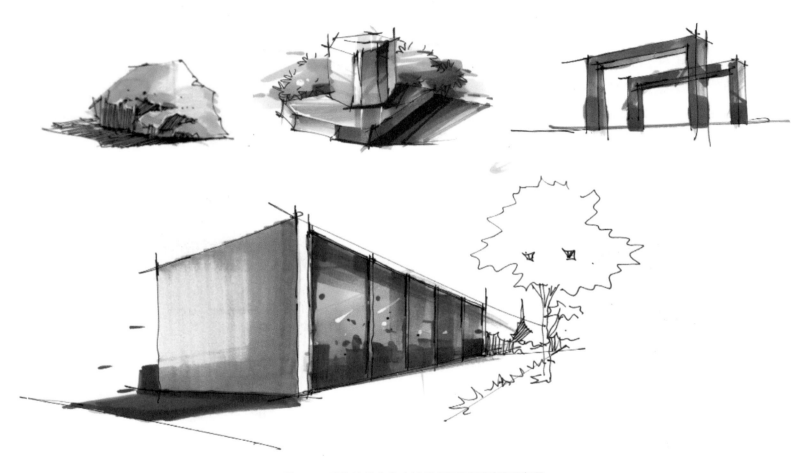

图7.23　用体块的上色方法进行不同硬质景观表现

7.2.2　植物的马克笔表现

1）光影分析

　　植物树冠部分的色彩通常可分为亮色、暗色和过渡色三个部分，一般亮部占40%，中间过渡部分占35%，暗部只占15%，另有10%留白。如图7.24所示，暗色在树冠和树干交接的位置。

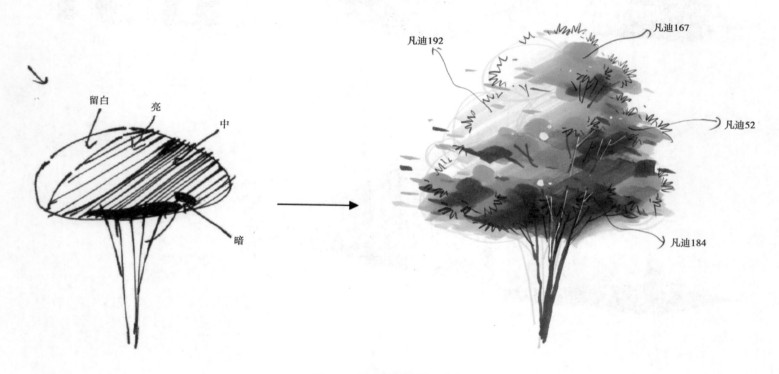

图7.24　树木的明暗关系分析

2）运笔方法

用马克笔表现植物常用摆笔和揉笔运笔，有两种表现方式：一种是快速表现，将笔头抬起用一个棱角排细线，所表现的明暗层次较为简单，立体感较弱，这种方式可在快题表现中应用（图7.25）。

另一种是团块表现，主要用平移和揉笔法更丰富地表现出树冠的明暗关系，形成团块感（图7.26），这是更为常用的表现形式。

图7.25 植物的快速上色表现

图7.26 植物的细致上色表现

3）上色步骤

乔木马克笔表现的一般步骤如下：

①浅色铺底。用快速平移运笔扫出树冠的大形，如图7.27所示。

②找形。用浅色和过渡色表现团块，使用长短不一的平移运笔，如图7.28所示。注意：运笔的快慢也会影响颜色的深浅，每次平移运笔后最好用揉笔弱化笔触，使团块过渡更加自然。

柔化棱角

图7.27　乔木马克笔表现步骤（1）　　　　　　　　　　　　图7.28　乔木马克笔表现步骤（2）

③画枝干，表现暗部。如图7.29所示，根据树冠的形画枝干，再在枝干和树冠穿插的地方画暗部。注意：深色不宜多，只占整个树冠的15%左右，画完深色后最好再用中间色过渡下。

④修饰。修饰的途径包括点高光、压重色和渲染环境色，如图7.30所示，相应技巧见图中说明。

以上是直接用马克笔表现植物的方法，若要表现一些特殊造型的树，可以先简单勾出植物的基本形态，再按前面所说的方法步骤上色即可。植物的颜色选择也不一定全是绿色，也可根据图面需要表现暖色调的植物。

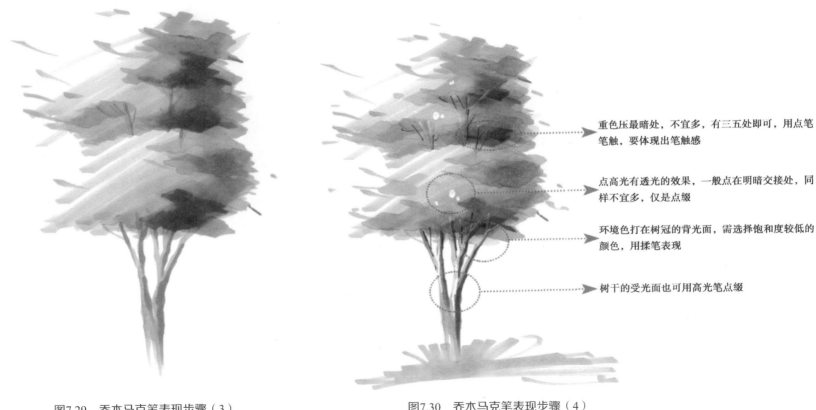

重色压最暗处，不宜多，有三五处即可，用点笔笔触，要体现出笔触感

点高光有透光的效果，一般点在明暗交接处，同样不宜多，仅是点缀

环境色打在树冠的背光面，需选择饱和度较低的颜色，用揉笔表现

树干的受光面也可用高光笔点缀

图7.29　乔木马克笔表现步骤（3）　　　　　图7.30　乔木马克笔表现步骤（4）

再如，一棵秋景银杏的马克笔表现步骤如下：

①勾线稿，只需勾出骨架枝干（图7.31）。

②上底色，用快速平移运笔（图7.32）。

③用中间过渡色找树冠的团块关系（图7.33）。

④表现暗部的颜色，秋景树颜色可以丰富一些，以暖色调为主（图7.34）。

⑤修饰，刻画细节，最后可用树冠轮廓线勾边，增强团块效果（图7.35）。

银杏树的画法

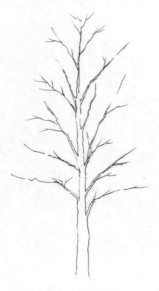

图7.31　银杏马克笔
表现步骤（1）

图7.32　银杏马克笔
表现步骤（2）

图7.33　银杏马克笔
表现步骤（3）

图7.34　银杏马克笔
表现步骤（4）

图7.35　银杏马克笔
表现步骤（5）

典型植物的马克笔表现示例如图7.36所示。

图7.36　典型植物的马克笔表现示例

7.2.3　水体的马克笔表现

水景的表现常用到扫笔，以表现出水的流动感和光影变化。

1）静水的表现

平静的水面虽然只有一个面，但因水的波动性以及岸边物体的投影和倒影而使水面产生丰富的明暗变化。一般静水的马克笔表现可分为3步，如图7.37所示。

①在有倒影和投影的一侧拉一条直线。

②沿着水平方向扫笔排线，表现水的波光效果。

③画水中倒影，若物体较小可画铅垂线，若物体较大可用摆笔。

2）动水的表现

瀑布、跌水、喷泉等水景主要需表现出水的流动性和落水后水的波动以及水花飞溅的效果，一般也分3步，如图7.38所示。

①流水的部分用快速扫笔，用较浅的蓝色表现。

②落水后有水波荡起，用摆笔、揉笔和点笔相结合的方式表现。

③用较深的颜色叠加，表现水体的厚度感，再用高光笔表现水的反光和水花飞溅的效果。

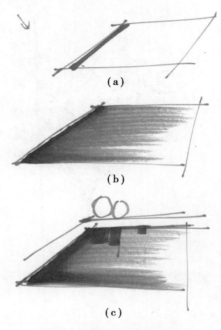

（a）

（b）

（c）

图7.37　静水的马克笔表现

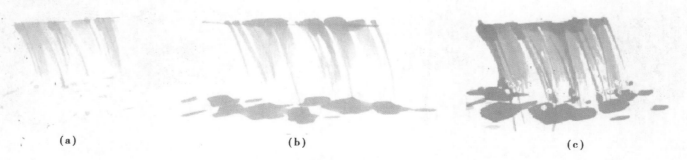

（a）　　　　　　　　（b）　　　　　　　　（c）

图7.38　动水的马克笔表现

水景的马克笔表现示例如图7.39所示。

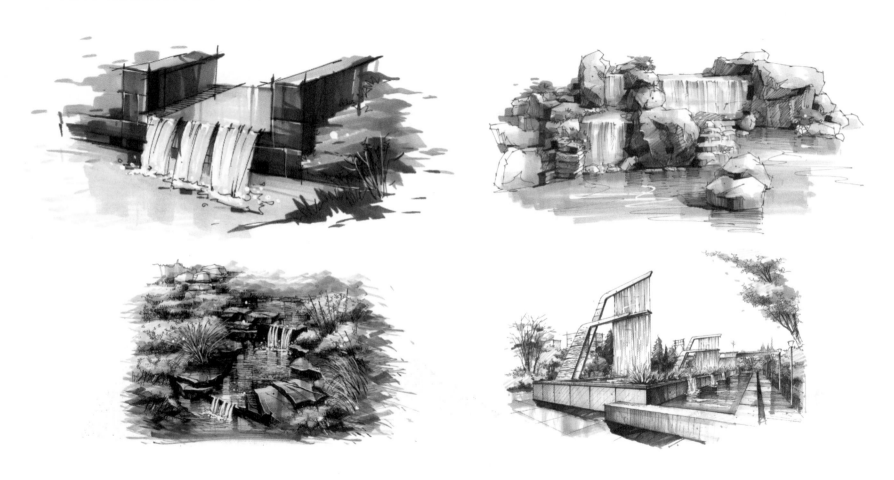

图7.39　水景的马克笔表现示例

7.2.4　地面和天空的马克笔表现

在手绘效果图中，地面和天空通常不会作为主景重点表现，但往往它们所占图纸面积较大，因此也需要用马克笔做上色处理，以起到更好地烘托主景的效果。

1）地面的马克笔表现

地面上色要点（图7.40）如下：

①路面常用同一色系的浅、中、深三种颜色表现。一般用浅色扫笔铺底，中间色表现深浅变化，深色用点笔笔触点缀和压重。

②铺底色时，沿着透视方向扫笔。注意：笔头要稍微倾斜，使笔头与道路边线完全贴合；为表现空间延伸感，一般近处颜色深、对比强，远处颜色浅、对比弱。

③用铅垂线表现地面质感（注意铅垂线的粗细变化）。

④最后可用彩铅、高光笔等加以修饰，突出地面材质。

地面的马克笔表现示例如图7.41所示。

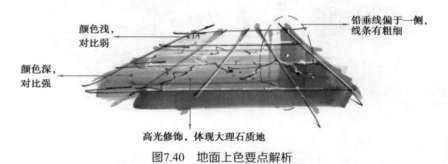

颜色浅，对比弱　　　　　　铅垂线偏于一侧，线条有粗细

颜色深，对比强

高光修饰，体现大理石质地

图7.40　地面上色要点解析

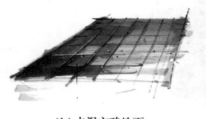

（a）木质地面

（b）水泥方砖地面

（c）大理石地面

图7.41　地面的马克笔表现示例

2）天空的马克笔表现

天空主要以云的团簇感来表现，云的单体画法主要用到扇形摆笔和平移的方法，形成大中小的团块对比，如图7.42所示。

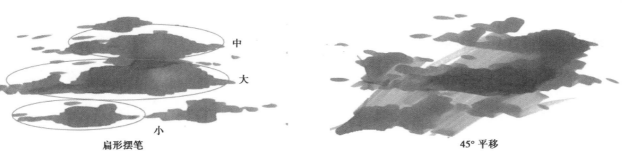

图7.42 云的画法

云在空间中表现要注意以下三点：

①应沿着主景的边缘画团块，以起到突出主景的作用。

②把握团块之间的明暗关系，同时注意在亮部的地方留白。

③如果有前景树的构图，云的高度不能高于前景树。

云与空间景物的关系如图7.43所示。

图7.43 云与空间景物的关系

7.3 中小场景的配色及上色步骤

7.3.1 小场景的马克笔表现——山水组景

  景观小场景通常由2~3个景观元素所组成，其表现方法与单体表现类似，都要表现出各单体的阴影关系，在小场景中还要注意不同元素的配色关系。

1）画线稿，画出轮廓和简单的阴影关系

  如图7.44所示，区别于纯线稿效果图，用于马克笔上色的线稿不用画得太满，阴影调子也只需简单交代就行，以更好地表现色彩效果；同时，要注意石头的线条和水景线条的区别。

图7.44 山水组景线稿

2) 配色，上底色

配色时，要注意冷暖色调的搭配。该场景主要由三个元素组成：石头、跌水和植物。按照上一节冷暖色调配比6∶3∶1的关系，该作品可将主色调定为暖色调。因此，石头用暖色处理，配以偏冷的蓝色水景，再用绿色的植物进行调和。

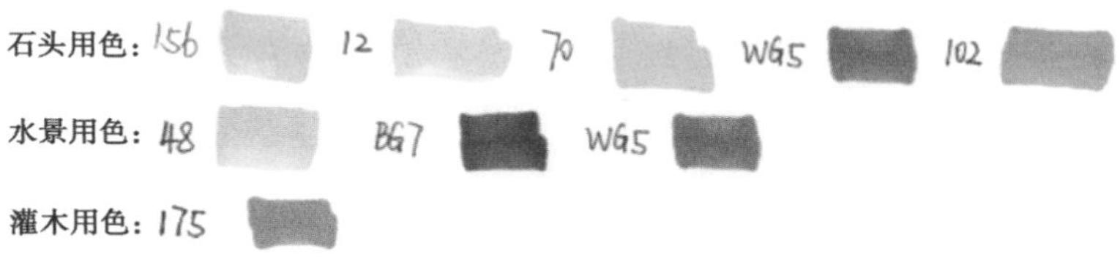

所需马克笔色彩如图7.45所示。上色时，颜色应由浅入深，铺底色时颜色宜用浅一些，注意马克笔笔触的表现（图7.46）。马克笔的运笔参照上一节的单体上色技法。

石头用色：156　12　70　WG5　102

水景用色：48　BG7　WG5

灌木用色：175

图7.45　山石组景配色方案

石头用暖色调处理，需先上底色，再铺暖色调，注意受光背光的区分

在水景色彩中轻扫WG5，使两种元素过渡更加自然，也更有层次

图7.46　山石组景上色步骤（1）

水景的上色步骤如下：

①用F48平扫，注意运笔速度的区别。（F表示凡迪的马克笔色号，T表示Touch的马克笔色号，下同）

②用BG7画暗部，注意要表现笔触。

③用暖灰色WG5轻扫水石交接的水面，形成石头的倒影效果，同时也有冷暖过渡的效果。

石头的上色步骤如下：

①用F156做固有色，画暗部，并在亮部轻扫。

②再用F12做暖色调，再暗部加深，也在亮部轻扫一层。

③用F102再次区分明暗关系。

3）突出明暗关系，表现细节

用重色压暗部（注意重色不宜用多，点缀即可），再用高光笔修饰亮部，如图7.47所示。

灌木的上色要点如下：

灌木做配景，仅用一只T175表现，用运笔速度的快慢表现明暗关系。先用快速扫笔铺底色，再用摆笔和揉笔运笔表现暗部。

石头的细节表现如下：

①用F70加深背光部分，加强明暗对比；再用F102过渡。

②用黑色点重色，注意表现出笔触感。

③主景石头的明暗交接线用高光笔点缀。

水景的细节表现如下：

①落水面抹一层薄高光，表现水面反光的效果。

②水花用大小不一的点高光来表现水花飞溅的效果。

重色用点笔笔触，要表现出笔触感

石头的高光一般用在明暗交接的位置

落水面涂抹高光来表现水的反光效果，承水面用点高光来表现水花飞溅的效果

图7.47　山石组景上色步骤（2）

7.3.2 中型场景的马克笔表现——景观效果图

中型场景的景观元素组成更为丰富，并且场景带有较强的空间进深感。因此用马克笔表现时，不仅要注意不同元素的色彩搭配，还要通过色彩的对比区分出景观的层次。

下面简要介绍中型场景的景观效果图马克笔表现步骤。

1）进行主景配色，并铺底色

该场景所表现的景深较长，需通过色彩的明度对比和冷暖色调对比来表现景深效果。配色时，主景部分以亮色、暖色调为主。底层颜色不宜用太多，每一种颜色仅用一支笔初步表现出明暗关系，同时应注意均匀铺色，如图7.48所示。

具体上色步骤如下：

①用F48铺水景，主要时沿着溪流驳岸两边涂色。

②用偏暖的T134表现路面，用重复叠加和控制运笔速度的方法初步交代明暗关系。

③用偏暖的绿色F192表现草地，并用红色系的T138点缀，以丰富主景颜色，再用T48过渡。

T48　F192　T134　F48　T138

草坪中点缀红花使主景色彩更加丰富

同一支笔可简单交代明暗关系

图7.48　景观效果图上色步骤（1）

2）远景上色，并通过色彩表现景深层次（图7.49）

①植物部分要用冷暖不同的绿色表现出景观的延伸感，前部的景观偏亮、偏暖，越往后颜色越偏暗、偏冷。具体用法是：前景草地和中景树用偏暖的T48和T175表现，背景树逐渐用明度较低的F197、F36和偏冷的F140过渡，形成深远的景观层次。

②树干用暖灰色WG1表现，忌满涂，用点笔笔触根据枝条的自然弯曲间隔运笔。

③为了与水景的颜色进行区分，天空用T185表现。

④前景的道路用T36增强明暗对比，再用WG1表现阴影。

T175 F197 F36 F140 T36 T185 WG1

前景用色亮度偏高，以暖色为主　　　　远景用色亮度偏低，以冷色为主

图7.49　景观效果图上色步骤（2）

3）细节表现，进一步表现明暗对比（图7.50）

①在主景部分进一步加强光影表现，增强明暗对比，使空间感更强。远景弱化明暗对比，虚化远景，使空间延伸感更强。

②草地及树的处理：近景的草地和树进一步用T175与F36表现暗部，一般用F36平移摆笔在暗部留笔触，再用T175过渡；较远的树仅用F36处理暗部；远景树不做明暗处理。草地上的红花也用T9与T138搭配表现出明暗层次。最后，在主景处用高光笔点缀，高光笔打在明暗交界处。

③树干的处理：近景和中景的树干用T134刷亮部，增强暖色调，再用高光笔点缀亮部，使树干的立体感更强。远景的树干仅用WG1处理即可。

前景及中景明暗对比度强　　　　　远景明暗对比度弱

T175　F36　T9　WG1　T134

图7.50　景观效果图上色步骤（3）

4）压重色，并用彩铅修饰图面效果（图7.51）

①水面的处理：用BG3表现暗部，再用F142继续深化，主要刻画岸边的投影和倒影，丰富水面的景观层次。注意：溪流是动水景观，倒影并不清晰，因此只需用铅垂线加强一下颜色即可。

②道路的处理：用橙红色彩铅轻涂路面，表现出石头粗糙、质朴的质地。

③天空的处理：用蓝色彩铅轻涂天空，与马克笔融合，使过渡更加自然。

④重色的表现：重色用在画面中主要是为了加强层次关系，增强空间感。因此，重色一般在前景和中景部分应用，一般用在有元素叠加的地方作为暗部的加强，用点笔笔触点缀即可，不能多用。

画面中重色不宜太多，只用点笔笔触少量点缀即可

用彩铅修饰的道路更具有石头的质感

水面增强了倒影效果，使景观层次更丰富

图7.51　景观效果图上色步骤（4）

7.3.3 中型场景的马克笔表现——建筑效果图

建筑效果图和景观效果图的不同之处在于：景观效果图主要表现由多种元素组合而成的外部空间，重点表现场地的空间感；而建筑效果图主要表现的元素很明确，即建筑，其他元素都是用于烘托建筑的，重点表现建筑的体块感。因此，建筑效果图上色时要先确定建筑的主色调，重点表现建筑的明暗关系，再搭配环境的颜色。

如图7.52所示，中景的建筑占到画面很大比例，主景优势明显；相比之下，前景的大树和背景的树丛相对简单，体量也较小，主要起着烘托主景、丰富景观层次的作用。

建筑单体马克笔上色

图7.52 建筑效果图线稿（张鑫磊供图）

对这样的建筑效果图进行配色和上色时，首先要确定建筑物的主色调，再搭配其他元素的色彩；画图顺序应先根据线稿的光源，分清暗部和亮部，再从暗部入手，由浅入深去上色。

中型场景的建筑效果图马克笔表现步骤如下（图7.53）：

①建筑上色：确定主景建筑物的主色调，再按照前面所讲的6∶3∶1的关系进行配色。

对建筑进行上色时，主要是表现出建筑的体积关系，因此要注意各个面的明暗对比，强调转折面。

②草地上色：草地的用色注意和建筑色彩的饱和度尽量一致，以使画面和谐，还要注意表现草地的厚度感。

③背景树和前景树的上色：背景树的上色宜用冷灰色系，不用表现过多细节，平涂即可；前景树的上色要表现出枝干的光影变化，重压转折面，以强调与建筑的前后关系。

④天空的上色：天空宜用浅色，色彩上不能抢了建筑的风头；天空的上色面积不宜过大，一般遵循原则是"下部挤形，上部画云朵团块，高度不超过前景树的高度"。

⑤再次用高光和重色强化空间关系：重点处理建筑内部的结构变化、前景树的转折变化等。

⑥用彩铅表现建筑材质的质感，丰富色彩层次。

具体上色步骤可扫描本节二维码，观看视频详解。

背景树宜用冷灰色系的绿色，以表现出空间上的后退感，例如可选 F113

天空大胆地用了浅紫色，以与黄色的建筑主题形成对比色。运笔时用团块感表现出云朵的感觉

前景树干需要表现出立体感以及树干和建筑的前后关系。可用 T26 表现受光部分，用 T105 表现背光部分。树冠部分用黄色与天空形成对比

建筑物整体用暖色调，选用暖灰和黄棕色。
建筑的体块关系的加强方法：重压转折面，适当加强建筑结构的前后、上下对比。
蓝色玻璃材质宜先用 BG 灰，再加蓝色，最后可加点环境色。第一遍运笔先跟着光源方向走，再竖向排线，第二遍用蓝色快速扫笔，最后加一点环境色

草地作为主景建筑的衬景，也宜用偏灰的绿色。上色时，先较细致地挤压出前景草的形体，再在大面积的地方扫笔，在画面前部画出草地的厚度感

图7.53　建筑马克笔上色步骤

7.3.4 中型场景的马克笔表现——建筑和景观空间相结合的效果图表现

景观和建筑相结合的效果图，可表现出建筑在空间中的环境关系。其主景还是建筑，但其他的景观元素比典型的建筑效果图更丰富。初学者对这一类效果图进行上色时，建议主景以一个色调为主，配景以邻近色表现，再在一些细节的地方少量点缀对比色，这样能更好控制画面色彩，达到和谐统一的效果。

马克笔表现步骤如下：

①定主色调，用色彩拉出前景、中景、远景的层次关系。

图7.54中，主色调定为偏暖的黄色系，作为主景的建筑和大树都以黄色表现，地面用暖灰色作协调，背景天空以蓝色作对比。

②进一步拉开前景、中景、远景的空间层次，加强明暗对比，如图7.55所示。

中景建筑、树和地面都以黄色系表现，起到了色调统一的作用。上色前确定好光源方向，第一遍上色简单区分明暗关系

远景树以黄色和灰色为主，加强色调的一致感，并且与蓝色的天空形成对比

前景用暖灰色，烘托了整个画面的暖色调的基调。第一遍铺色只需要大面积扫笔，另需注意边缘的八字形收边处理

T38　T36　T134　F212　F154　F102　F48

图7.54　带建筑的景观效果图上色步骤（1）

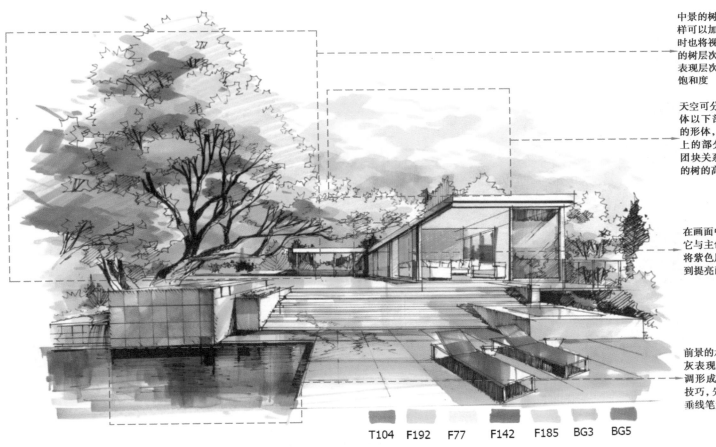

中景的树木用多层次表现，这样可以加强树木的立体感，同时也将视觉空间往前拉。越远的树层次越少，背景树几乎不表现层次，并且需要降低色彩饱和度

天空可分为上下两部分，建筑体以下部分主要是挤出建筑的形体，涂满即可；建筑体以上的部分需要表现出云朵的团块关系，高度不能超过最高的树的高度

在画面中用到了少量的紫色，它与主色调黄色形成互补色。将紫色用作环境色来点缀可起到提亮画面效果的作用

前景的水景主要以冷色调的BG灰表现，与地面和树木的暖色调形成对比。注意水景的表现技巧，先水平扫笔，再用几笔铅垂线笔触表现倒影

T104　F192　F77　F142　F185　BG3　BG5

图7.55　带建筑的景观效果图上色步骤（2）

③细节处理，主要是表现各元素的材质关系，整体调整空间明暗关系，如图7.56所示。

树池也增强了色彩的明暗关系，同时结合彩铅的使用，使质感更强

建筑转折关系加强，增强了立体感

玻璃加了环境色和高光，使材质感更强。此外，还用高光区分了前面栏杆和建筑玻璃的层次

地面增强了阴影关系，同时加入的黄色使整个色调更加统一

水中加入树木的环境色，使层次更加突出

T36　T104　F105　F154　F36　T134　T75

图7.56　带建筑的景观效果图上色步骤（3）

有时为烘托环境氛围，也可以做一些更高难度的配色，以表现场景在不同氛围中的景象。如图7.57所示，同一个场景可表现出朝霞景观、雪景和夜景三种不同类型。这些特殊色调的配色对画者的色彩要求更强，在有一定基础后可结合视频讲解进行练习。

（a）朝霞景观的表现

（b）雪景的表现

（c）夜景的表现

图7.57　同一空间的不同配色方案

7.3.5　中小场景马克笔表现示例

　　用马克笔表现的中小场景效果图用色层次丰富，用颜色表现的明暗对比强。下面列举一些马克笔表现的效果图，其中图7.58、图7.59为小场景的景观效果图，图7.60—图7.64为中型场景的景观效果图，图7.65—图7.74为建筑效果图表现。

图7.58　小场景马克笔表现（1）

图7.59　小场景马克笔表现（2）

图7.60　中型场景马克笔表现（1）

图7.61 中型场景马克笔表现（2）（江涵供图）

图7.62　中型场景马克笔表现（3）

图7.63　中型场景马克笔表现（4）

图7.64　中型场景马克笔表现（5）　　　　　　　　图7.65　建筑马克笔表现（1）

图7.66 建筑马克笔表现（2）

图7.67　建筑马克笔表现（3）

图7.68 建筑马克笔表现（4）

图7.69　建筑马克笔表现（5）

图7.70　建筑马克笔表现（6）

图7.71　建筑马克笔表现（7）

图7.72 建筑马克笔表现（8）

图7.73 建筑马克笔表现（9）

图7.74 建筑马克笔表现（10）（张鑫磊供图）

7.4 大场景的配色方法及步骤

7.4.1 景观鸟瞰图的配色与上色

景观鸟瞰图主要表现的是场地的空间关系，各景观元素都比较小，没有太多的细节表现，因此这类图的上色方法与前面中小场景有很大的不同。其基本的配色和上色方法遵循"先软景再硬景、从下往上"的原则。

下面主要讲解大场景景观鸟瞰图的配色与上色步骤。

①线稿图及配色分析：先根据线稿中的阴影确定光源的方向，再确定基本色调。一般情况下，景观鸟瞰图以大面积的绿色植物为主，其次是道路和铺装。其他构筑物体量虽很小，但往往是作为景观的主景，因此可以用鲜亮的颜色对比来突出其地位，如图7.75所示。

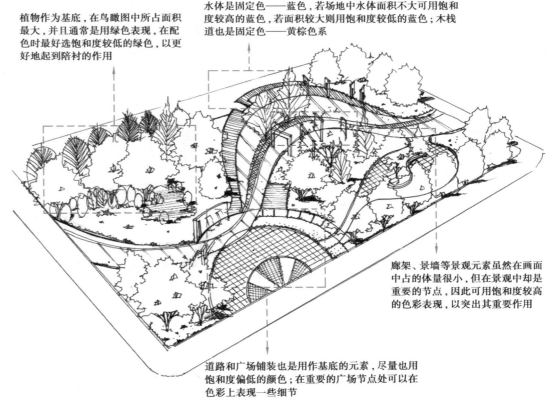

植物作为基底，在鸟瞰图中所占面积最大，并且通常是用绿色表现，在配色时最好选饱和度较低的绿色，以更好地起到陪衬的作用

水体是固定色——蓝色，若场地中水体面积不大可用饱和度较高的蓝色，若面积较大则用饱和度较低的蓝色；木栈道也是固定色——黄棕色系

廊架、景墙等景观元素虽然在画面中占的体量很小，但在景观中却是重要的节点，因此可用饱和度较高的色彩表现，以突出其重要作用

道路和广场铺装也是用作基底的元素，尽量也用饱和度偏低的颜色；在重要的广场节点处可以在色彩上表现一些细节

图7.75 景观鸟瞰图上色步骤（1）

②基底铺色，确定基本色调（包括草地、水体、木栈道等有固定色彩的元素），如图7.76所示。

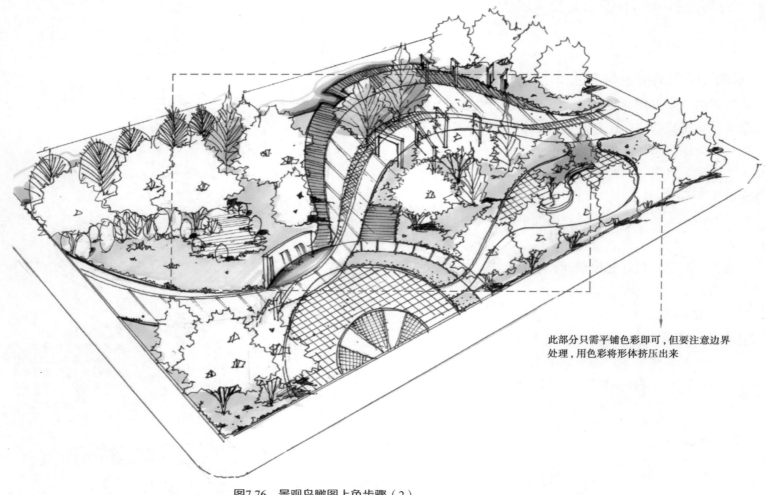

此部分只需平铺色彩即可，但要注意边界处理，用色彩将形体挤压出来

图7.76　景观鸟瞰图上色步骤（2）

③铺上层树木的颜色，以区分上下空间的层次关系，如图7.77所示。

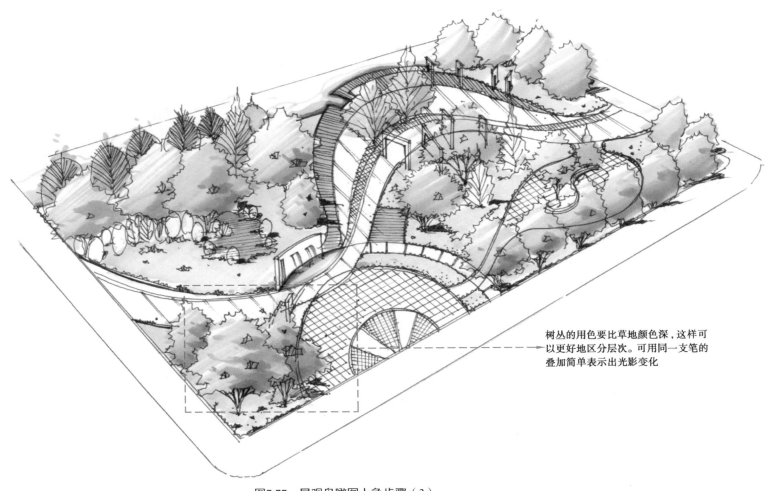

树丛的用色要比草地颜色深，这样可以更好地区分层次。可用同一支笔的叠加简单表示出光影变化

图7.77　景观鸟瞰图上色步骤（3）

④道路和主要景观节点配色，如图7.78所示。

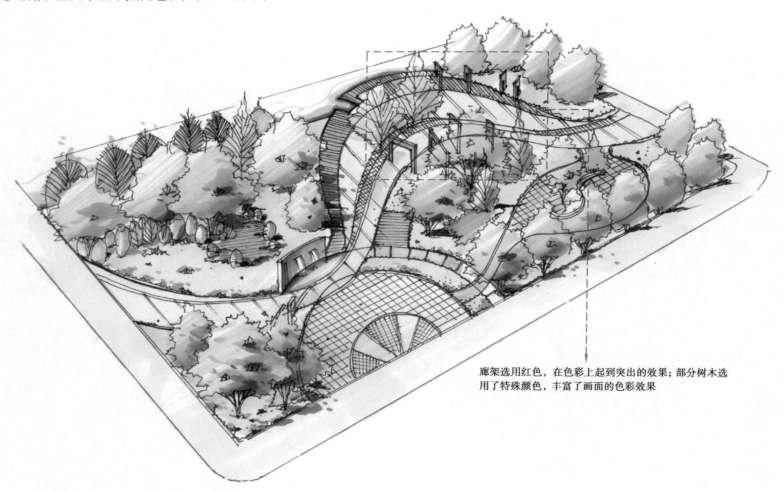

廊架选用红色，在色彩上起到突出的效果；部分树木选
用了特殊颜色，丰富了画面的色彩效果

图7.78　景观鸟瞰图上色步骤（4）

⑤细节处理，进一步拉出空间层次关系，如图7.79所示。

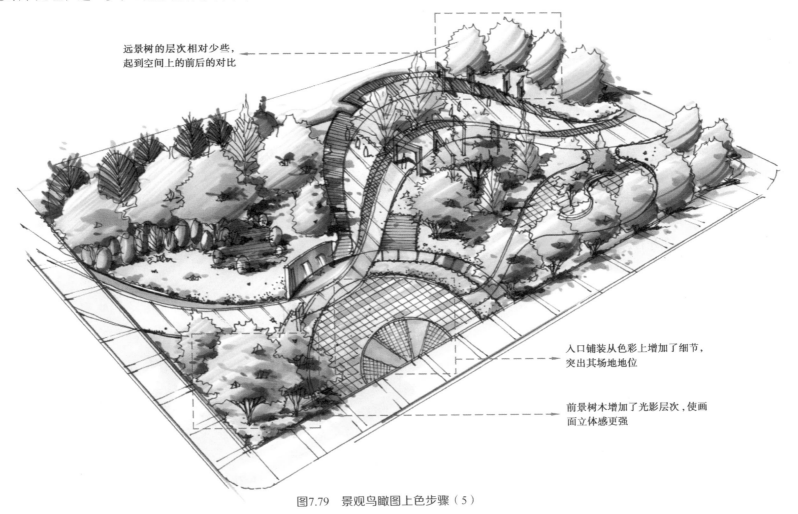

远景树的层次相对少些，
起到空间上的前后的对比

入口铺装从色彩上增加了细节，
突出其场地地位

前景树木增加了光影层次，使画
面立体感更强

图7.79 景观鸟瞰图上色步骤（5）

7.4.2　建筑鸟瞰图的配色与上色

建筑鸟瞰图的上色步骤与方法大体与景观鸟瞰图相同，只是在建筑场景中有的建筑比较高、体量比较大，所表现的细节就要更多些。

如图7.80所示，该建筑场景表现的是一个建筑群体。这些建筑根据体量大小、距离的远近在表现上有主次之分，这在线稿中就有所体现，在上色时也需要把这种主次关系更进一步地表现出来。

上色步骤大体分七步进行：定色调→拉层次→局部塑造→整体关系调整→视觉中心的细部表现→周边环境的表现→材质关系的表现。

大场景建筑鸟瞰图的配色与上色步骤如下：

①确定色调关系：一般情况下，将建筑整体定为冷灰色调，在需要重点表现的地方用上黄棕色，这样可起到突出视觉中心的作用；其他配景再用不同程度的冷灰色系表现，可很好地协调整个画面的和谐感。图7.81就采用了这种常规的配色方法，建筑整体用冷灰色表现，局部透光部分用黄棕色系做对比，周边植物也用偏冷的灰绿色表现。

②确定层次关系：大场景所表现的内容有叠加的效果，因此用色彩去区分空间层次非常重要。在上色前要先规划好每一部分的配色关系，包括建筑物受光和背光部分的关系、建筑周边的植物和远景植物的关系、草地和树丛的关系、前景单棵树和远景树的关系等。具体做法是从下往上去进行层次区分和大面积铺色。

a.草坪用T174进行扫笔，此时注意边界压形；

b.树丛用F195表现，要注意树丛的厚度感，画出受光和背光的关系；

c.建筑主体用灰色BG3或BG5画背光部分，受光部分先留白。

③局部塑造：主要是建筑受光部分的色彩表现，高层建筑用蓝色表现玻璃，底层建筑用暖色调的黄棕色表现灯光效果，其中玻璃部分的表现参考前部分讲解；此外还应表现出建筑的投影关系，使画面更加立体。

④调整中间部分的整体关系：将草地、树丛、单棵树、建筑中间的空间关系进一步区分开，使前景和远景进一步拉开层次。其中主要是明暗关系的处理，遵循的原则是"主景的层次区分多、配景的层次区分少，近景的层次区分多，远景的层次区分少"。

⑤视觉中心的细部表现：前景建筑的细节刻画。

⑥周边环境的表现：边缘云冠树用饱和度更低的绿色表现，如F141，周边马路可用F111排线。

⑦材质关系的表现：用彩铅、高光笔等辅助表现建筑主题的材质。

图7.80　建筑鸟瞰图线稿

具体上色步骤可扫描二维码，观看视频详解。

建筑鸟瞰图配色

云冠树用低饱和度的灰绿色
扫笔,不需要过多表现体积
感,但要注意过渡处理

画草坪时要注意运笔过程中线条
的粗细变化,可以起到活跃画面的
作用;上面的树丛要画出厚度感,
可使层次更加明显

作为视觉中心的建筑物,最好
有色彩上的对比。前景建筑
要有细节表现,若小面积的色
调变化用马克笔不好把握,可
用彩铅代替

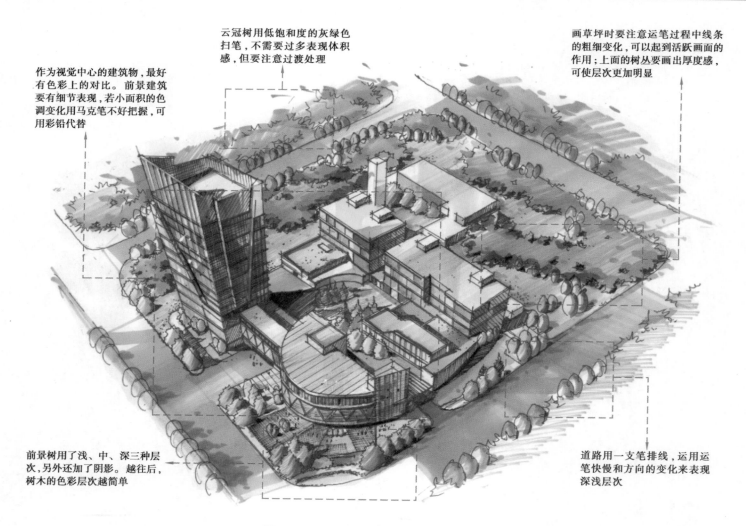

前景树用了浅、中、深三种层
次,另外还加了阴影。越往后,
树木的色彩层次越简单

道路用一支笔排线,运用运
笔快慢和方向的变化来表现
深浅层次

图7.81　建筑鸟瞰图马克笔上色步骤

7.4.3 大场景马克笔表现示例

大场景的马克笔表现示例如图7.82—图7.84所示。

图7.82 大场景马克笔表现（1）

图7.83　大场景马克笔表现（2）

图7.84 大场景马克笔表现（3）

课后练习

7.1　完成马克笔单体植物表现和马克笔植物组景表现各一张。

7.2　从示例图片中选择一张水景表现进行临摹。

7.3　从示例图片各选择一张景观和建筑的中小场景马克笔表现进行临摹。

7.4　从示例图片中选择一张大型场景马克笔表现进行临摹。

7.5　景观和建筑效果图马克笔自主配色练习。